看護・医療技術者
のための
たのしい物理 第2版

中野 正博 [著]
Nakano Masahiro

Ohmsha

初版のまえがき

　医療の現場では，ファイバースコープ，超音波診断，心電図，脳波計，レントゲン撮影，放射線治療，MRI（磁気共鳴造影法）など，物理の応用されたものがたくさんあります．また，注射とか点滴とかの医療における日常的なことも物理的に考えると，そのやり方の意味がよくわかります．さらに，人間の体自身，物理と深く関係があります．たとえば，骨格や筋は力学と，血流や血圧は流体と，神経や心電，脳波は電気と，という具合です．このように物理学は医学の基本として，大変に重要なものです．それにもかかわらず，皆さんの中には「物理は難しいから嫌いだ」という人が多数いらっしゃるでしょう．この本は，そうした人に，物理のおもしろさを少しでもわかってもらうために書いたものです．

この本を書くに当って，目標にしたことは，

① 　わかり易くおもしろいこと
② 　皆さんの将来に少しでも役に立つこと
③ 　物理的なものの考え方をわかってもらうこと

です．

　そのために，いろいろな工夫をしてみました．各節は，難易度に応じてレベル分けをし（目次参照），説明は丁寧にし，式の変形も順序をおって示すようにしました．理解を深めるため，自分で解ける程度の問題をつけました．さらに“休憩室”のコーナーを設けて，医療の話題を積極的に取り上げました．また，この本のあちこちで，ミクロ（微視的）なものの見方や考え方を紹介しています．読み終わって，物理に親しみを持ち，物理的な考え方を少しでも身につけて下されば幸いです．

　本書は，看護婦さんや医療技術者，医師をめざして頑張っておられる皆さんを念頭において書きましたが，物理を初めから勉強してみたいと思っておられる方や，工学系にいるけれどどうも物理がわからないと思われている方が，自習できるようにも配慮されています．各節は，難易度によってレベル分けしてあります（目次参照）ので，自分の力に応じて選択して下さい．もちろん，レベル1（☆1個）の節だけでも，物理の必要最小限が学べるようにしてあります．すべての問題には解答がつけてありますので，ぜひ自分で問題を解いてみて下さい．問題が解けると，きっと物理がおもしろくなると思います．読者の皆さんのひとりでも多くの方が，物理を楽しめるようになられることを祈っております．

1990年2月

中野正博

第2版の発行にあたって

～ 楽しい物理の世界，驚きのワンダーランドへようこそ！ ～

　この本は1990年に初版を発行し，32年間で15版を重ねてきたロングセラーの本です．ところが，当時の出版社であった日本理工出版会が，すべての出版を辞められることになり，私の本も大ヒット書籍と言われていたのですが，このまま立ち消えになるかと思われました．しかし今回，オーム社重版グループの皆様のご厚意により，心血を注いで書き溜めてきた修正も加えて「たのしい物理」の改訂版が発行されることになり，大変にうれしく思っております．

　前の出版社の時代には，日本全国の医療関係の教育現場で物理を基礎から楽しく学ぶというブームもあり，この本は看護学校や看護大学，医療技術学校，理学療法・作業療法・リハビリ関係の学校の多くの方々に学ばれてきました．それは，この本で積極的に，医療の題材を具体例に取り上げ，将来医療現場で役に立つ様にと工夫を凝らした内容だからだと思います．私自身，看護・医学の教員として，40年以上に渡って皆様の物理の学びを支えてきました．どうすれば分かりやすいか？何が面白いのか？をいつも考え続けてきました．自然は知れば知るほど不思議な世界，驚きの連続です．それを知ることは楽しいことです．私はその楽しさを伝えたいのです．

　せっかくの改訂版ですので，今回，全てに渡って熟考し，さらにすっきりと分かりやすくなるように努力しました．基礎的な説明に力を注いでいますが，高いレベルも含んでいます．例えば，微分積分を用いたり，外積を用いてビオ・サバールの法則を説明するなど，より高度な物理にもつながるように気を配っています．

　医療に関連する説明も多く，食物エネルギーと人間の活動エネルギー，ボディーメカニクス，骨の変形，体温，注射器の原理，血圧と点滴，血流量，X線-CT，眼の構造，盲点，耳が聴ける音，レーザーメス，内視鏡，超音波診断の原理，脳波計，心電計，ミクロ電気ショック，MRIの原理，ラジオアイソトープなど，医療関係の物理の原理を紐解く話が満載です．休憩室には，楽しい豆知識もたくさん掲載し，自然に物理の世界が楽しめ，将来役に立つものにしています．

　この本で出題されている問題も自分の頭で考え，解いてみてください．たとえ解けなくても，チャレンジすることがあなたの思考力を伸ばします．物理はその問題を何度も考え直すことが大事なことで，その過程が面白いのだと思います．解けた時に心の中で素晴らしい達成感が得られます．その喜びをバネに考えることを深めて，物理を楽しんでください．物理を通して医療で有効な思考の方法を身に着けられたら，将来色々な問題にぶつかっても，必ず解決の糸口を見いだせるはずです．

　あなたが，この本を活用されて，物理を楽しみながら，自分の人生を切り開く能力を飛躍的に高められることを願っております．

2024年2月

中野正博

章	第1章 力学の世界					第2章 熱の世界
レベル	**1 回**	**2 回**	**3 回**	**4 回**	**5 回**	**6 回**
（1） ☆	1·1 〜 1·3	1·4 〜 1·6	1·10 〜 1·12, 1·14	1·15, 1·16, 1·19, 1·22	1·25, 1·27, 1·28, 1·30, 1·31	2·1 〜 2·5
（2） ☆☆	1·1 〜 1·5	1·6 〜 1·9	1·10 〜 1·16	1·18, 1·19, 1·21, 1·22	1·25, 1·27, 1·28, 1·30 〜 1·33	2·1 〜 2·5
（3）☆☆☆	1·1 〜 1·9	1·10 〜 1·16	1·17 〜 1·21	1·22 〜 1·26	1·27 〜 1·33	2·1 〜 2·5

章	第3章 流体の世界	第4章 波と光と音の世界		第5章 電気と磁気の世界		第6章 放射線と微視の世界
レベル	**7 回**	**8 回**	**9 回**	**10 回**	**11 回**	**12 回**
（1） ☆	3·1 〜 3·3, 3·5 〜 3·6	4·1 〜 4·4	4·5 〜 4·8	5·1 〜 5·5	5·8 〜 5·10, 5·13	6·1, 6·2, 6·4, 6·5
（2） ☆☆	3·1 〜 3·6	4·1 〜 4·4	4·5 〜 4·8	5·1 〜 5·5	5·7 〜 5·11, 5·13	6·1, 6·2, 6·4, 6·5
（3）☆☆☆	3·1 〜 3·6	4·1 〜 4·4	4·5 〜 4·8	5·1 〜 5·5	5·7 〜 5·15	6·1 〜 6·5

この表は 12 回（1 回 90 分位）で全体が終わるとして，各レベルでの進み方の目安です．参考にしてみて下さい．

目次

第 1 章 | 力学の世界 レベル

第3章　流体の世界　　レベル

第4章　波と光と音の世界　　レベル

第5章　電気と磁気の世界　　レベル

◉ Ⅰ　電荷・電場・電流

第6章 放射線と微視の世界　　　レベル

休憩室	
目 次	

第1章
力学の世界

I

位置・速度・加速度

1・1 | 各時刻での位置から運動がわかる

　物理学で重要なことの1つは，いろいろな運動の仕方とその背後にある運動の法則を理解することでしょう．**1・5**節までは，物体が運動の方向を変えないで<u>直線上</u>を運動する場合をまず取り上げ，その表し方について考えることにしましょう．

　皆さんが，今，車に乗っているとしましょう．車は，時間と共に進みます．その進み方にもいろいろ考えられます．出発してから時間 t が経過した時の車の位置を x としましょう．すると，たとえば図 **1・1** のように，その進み方によって様々なグラフが考えられます．縦軸は

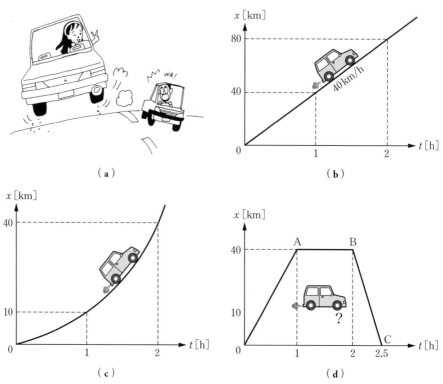

（a）

（b）

（c）

（d）

図 **1・1**

車の位置，横軸は時間です〔$t=0$ の時，$x=0$（原点）にいたとします〕．

（b）図は，時間 t と共に x が直線的に増加しているもの．（c）図は2次曲線的に増加しているものです．

■ **問題 1・1**　（d）図はどういう状況を表したものか，わかりますか．考えてごらんなさい．

■ 1・1・1　時刻と時間，位置と距離の違い

ここで，**時刻**と**時間**の違いについて触れておきましょう．時刻といえば，t のある**一点**を指し，時間といえば，時刻 t_1 から時刻 t_2 までの**長さ**を指します．時間には幅がありますが，時刻には幅がありません．ですから，「**時刻 t の間に進んだ距離**」という言い方は間違いで，「**時間 Δt の間に進んだ距離**」というのが正しいのです．

図1・2　　　　　　図1・3

位置と**距離**の関係も同様です．位置は x 軸上のある一点を指し，幅はなく，距離は位置 x_1 から位置 x_2 までの**長さ**をいいます．ですから，「時刻 t_1 での距離 x_1」というのは誤りで「時刻 t_1 での**位置** x_1」というのが正しいのです．

ある点を指す言葉と幅（長さ）を指す言葉の違いがわかりますか．

1・2 ┃ 速度は位置の変化の割合

車の運動を表すものとして，速さというものを考えてみましょう．**速さ**とは単位時間（たとえば1秒間とか1時間とか）当たりにどのくらいの距離を進むかを表す量です．

$$速さ(v) = \frac{その時間の間に進んだ距離(s)}{かかった時間(t)} \qquad (1・1)$$

速さの単位は，（単位の話は重要なので後で詳しくしますが）距離がもし［km］で測ってあり，かかった時間が［時間］であれば，式（1・1）のように単位をそのまま割り算をして，km/h です（/ は割り算を表す）．

時間の単位は

> 時間：h （＝hour）
> 分 ：m （＝minute）
> 秒 ：s （＝second）

で表します.

速さの場合 km/h を**時速**何 km，/m を**分速**，/s を**秒速**等とも言います.

（**b**）図の場合は，一定の速さ 40 km/h（時速 40 km）で動いていることになります. このように一定の速さで動く運動を**等速運動**といいます. ところで，（**c**）図の場合はどうでしょう. 1 時間に 10 km 進んでいるので，式（**1・1**）より $v = 10$ km/h となるでしょうか. それとも，$t = 1$ h から 2 h の間に 30 km 進んでいるから，$v = 30$ km/h でしょうか. 実はこれは，速さが，時々刻々と変わっているのです. つまり等速運動ではありません. こういう場合は，速度はある時刻での**瞬間の速さ**で定義するのが良いでしょう. それに対して，式（**1・1**）で与えられる速さは，ある時間の**平均の速さ**と言います.

▌ **問題 1・2** 図 **1・1**（**d**）の 0 から A までの速さ，A から B まで，B から C までの速さを出しなさい.

▌ **問題 1・3** 2021 年の東京オリンピックの時，100 m の優勝タイムは 9.8 秒でした. この時の平均の速さは時速でいうと何 km でしょう.

▌ **問題 1・4** マラソンランナーは 2 時間で 40 km を走り抜けます. これは時速何 km でしょう. また，秒速では何 m でしょう.

▌ **問題 1・5** マラソンランナーは 100 m を何秒かかって走っているでしょう. 皆さんは 100 m を何秒で走れますか. 比べてみましょう.

車に乗っている時，スピードメータはいつも動いています. 車のスピードメータはその時刻での速さ，すなわち，瞬間の速さを示しているのです. 瞬間の速さの定義は

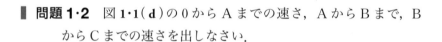

$$v = \frac{\Delta x}{\Delta t} = \frac{\text{その微小な時間内に進んだ距離}(\Delta x)}{\text{ある時刻での微小な時間}(\Delta t)} \tag{1・2}$$

です．ここで Δt や Δx の Δ について説明しておきましょう．

Δ（デルタと読みます）は"微小な"という意味です．ですから Δt（デルタ・ティー）は"微小な時間"，Δx（デルタ・エックス）はその間に進む"微小な距離"ということになります．瞬間の速さ v は，時刻 t_1 での車の位置（x_1）と，それから微小な時間 Δt たった時刻 t_2 での位置（x_2）を測定すれば，計算できます．車は時間 $\Delta t = t_2 - t_1$ の間に，距離 $\Delta x = x_2 - x_1$ 進むから，時刻 t_1 での車の瞬間の速さ v は

$$v = \frac{\Delta x}{\Delta t} = \frac{x_2 - x_1}{t_2 - t_1} \tag{1·3}$$

となります．この式から速さが変わる時にも，ある時刻での瞬間の速さを求めることができます．ただ，2つの時刻 t_1, t_2 での位置 x_1, x_2 が測定によりわかっていないといけません．具体的に示しましょう．車が動きだして，1.0 秒後の車の位置が 1.00 m，1.1 秒後の車の位置が 1.21 m だったとすると

$$v = \frac{1.21 - 1.00}{1.1 - 1.0} = \frac{0.21}{0.1} = 2.1 \,\text{m/s} \tag{1·4}$$

これが時刻 $t = 1$ 秒での瞬間の速さの近似値です．もっと正確に v を求めたいなら，問題**1·6** のように Δt をもっと小さく，たとえば $\Delta t = 0.001$ 秒にとって，車の位置を測れば良いのです．

表 1·1

t 秒	1.0	1.1
x m	1.00	1.21
v m/s	2.1	

問題 1·6 車が動き出して，1秒後の瞬間の速さをより正確に求めるために，Δt を 0.1，0.01，0.001 秒と次第に小さくして，車の位置を測りました．その結果（表 **1·2**）より，1秒後の瞬時の速さを，①②③ のそれぞれの場合について求めなさい．

表 1·2

		①	②	③
$t_1 = 1$ s	$t_2 =$	1.1 s	1.01 s	1.001 s
$x_1 = 1$ m	$x_2 =$	1.21 m	1.0201 m	1.002001 m

このように Δt を無限に小さくしていった極限が微分です．式で書くと

$$v = \lim_{\Delta t \to 0} \frac{\Delta x}{\Delta t} = \frac{dx}{dt} \tag{1·5}$$

となります．ここで $\lim\limits_{\Delta t \to 0}$ は Δt を小さくして，0 に近づけた時の極限（limit）の値を意味しています．

休憩室

いろいろなもののおおよその速さ

身の回りの物のおおよその速さについて考えてみましょう. 覚えておくといつか役に立つかもしれません.

まず乗り物ですが, 自転車は約 15 km/h, 車は 60 km/h, 汽車は約 80 km/h, 新幹線のぞみ号は 300 km/h, ジェット機は約 1000 km/h, ロケットはなんと 7000 km/h です.

次に, 動物の動きの速さ.

遅い方の代表のカメは 350 m/h, ウサギはカメよりかなり速く 40 km/h, 馬は走ると 60 km/h, チーターはもっと速くて 100 km/h です.

体の中の物の速度

体の中にも動いている物があります. すぐ思いつくのは血液です. 太い動脈を流れる血液の速さは 20 〜 50 cm/s, 太い静脈では 10 〜 20 cm/s, 毛細血管では 0.1 cm/s くらいです. 次に, 興奮の神経を伝わる速さは運動神経で 100 m/s, 感覚神経で 1 m/s くらいです.

▌1・2・1　音と光の速さ

音や光は, 非常に速く走るので, その速度のことを考えにくいかもしれません. しかし, 遠くの花火や雷のことを考えてごらんなさい. 光ってから, 音が聞こえるまで, 数秒かかるでしょう. これは, 光よりも音の速度が遅いからなのです.

▌**問題 1・7**　音は 340 m/s（15℃）で空気中を伝わります. これは, 時速何 km でしょう.

▌**問題 1・8**　光は 30 万 km/s で空気中（真空中でも）を伝わります. これは時速何 km でしょう.

▌**問題 1・9**　今, 雷が光って, 2 秒たって音が聞こえました. この雷はどれくらい離れた所に落ちたでしょう（光は音に比べて非常に速いので, 瞬時に伝わるとしてかまいません）.

▌**1・3**　加速度は速度の変化の割合

車が発車する時や停止する時, 車の速さは変化します. この速さの変化の度合を表すために加速度を考えましょう. 図 **1・1**（**c**）のような

車の運動を考えてみましょう．車は時間と共に，速さが大きくなります．この速さの増え方を縦軸に速さ，横軸に時間をとって図で描くと図 **1・4** のようになります．

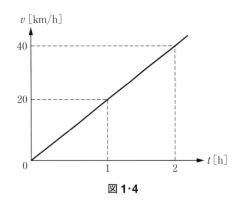

図 **1・4**

　速さの方は，直線的に増加しています．位置の変化によって速さを定義したように，速さの変化によって加速度の大きさを定義しましょう．つまり**加速度の大きさ**とは，速さの変化の割合を表したものです．

$$加速度の大きさ(a) = \frac{\Delta v}{\Delta t}$$

$$= \frac{その微小な時間内の早さの変化量(\Delta v)}{ある時刻での微小な時間(\Delta t)} \tag{1・6}$$

　時刻 t_1 での速さを $v(t_1)$，t_2 での速さを $v(t_2)$ と書くことにして（今後，任意の時刻 t での f の値を $f(t)$ と書くことにします）

$$a = \frac{\Delta v}{\Delta t} = \frac{v(t_2) - v(t_1)}{t_2 - t_1} \tag{1・7}$$

で与えられます．単位は，式 **(1・7)** より $[\mathrm{m/s^2}]$，式 **(1・7)** より

$$\Delta v = v(t_2) - v(t_1) < 0$$

の時 $a < 0$，つまり速度が時間と共にだんだんと減少していく場合には，a が負になることに注意しましょう．また，速さが一定の（等速）運動の場合，$\Delta v = 0$ だから $a = 0$ になります．a の符号には，このような意味がありますので注意して下さい．

　加速度 a が一定の運動を**等加速度運動**といいます．問題 **1・11** でわかりますが，地上で落下する物体の運動は等加速度運動です．

加速度 a の符号の意味

$a > 0$	加速
$a < 0$	減速
$a = 0$	定速

▎**問題 1・10**　時速 72 km/h で走っていた車が今，急ブレーキをかけ，4秒かかって止まりました．この時の車の運動の加速度の大きさ a は一定だとして，a を求めなさい．

▎**問題 1・11**　表 **1・3** は地上での物体の落下を 0.1 秒ごとに測定したものです．表の　　　の速さと加速度の大きさを計算しなさい〔式 **(1・3)**，**(1・7)** を使って下さい〕．

表 **1・3**

t [s]	y [m]	v [m/s]	a [m/s²]
0.0	0.000		
0.1	0.049		
0.2	0.196		
0.3	0.441		
0.4	0.784		
0.5	1.225		

1·4 | 等加速度運動をする物体の位置の求め方

　問題**1·11**で運動する物体の位置から，加速度の大きさaを計算する方法を学びました．この節では逆に，一定の加速度の大きさaが与えられた時，それから物体の進む距離を求めることを考えましょう．式(**1·3**)と式(**1·7**)を使います．

　等加速度運動（$a=$一定）の時は式(**1·7**)で，t_1（始めの時刻）$=0$，$t_2=t$とおいて

$$a=\frac{v(t)-v(0)}{t-0}=\frac{v(t)-v(0)}{t} \tag{1·8}$$

これから（$v(0)$をv_0と書くと）

$$v(t)=at+v_0 \tag{1·9}$$

となります．速さvは，図**1·5**のような直線となります．

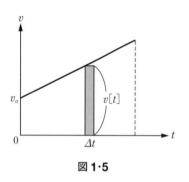

図**1·5**

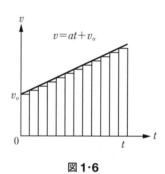

図**1·6**

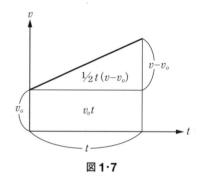

図**1·7**

　さて次に，進む距離を考えてみましょう．時間tの間に進む距離がv-t図（縦軸のvと横軸のtの2次元の図のこと）での面積に等しくなることを示しましょう．まず微小時間Δtに進む距離Δxは，その時の速さ$v(t)$を用いて

$$\Delta x=v(t)\Delta t \tag{1·10}$$

となります．tを横軸に，$v(t)$を縦軸にとって書いたグラフで，$v\Delta t$は横$\Delta t \times$縦vの長方形の面積を表していることをまず理解して下さい．

　図**1·5**のように$v(t)$が時間tと共に増加している場合は，図**1·6**のように時間を微小な区間Δtに分割して，それぞれの区間を長方形で近似します．すなわち，図**1·5**の速さ$v(t)$の斜めの直線は図**1·6**のように階段状に近似されたことになります．すると，各区間では，vは一定と近似されているので，i番目の区間で進む距離Δx_iは

$$\Delta x_i=v(t_i)\Delta t \tag{1·11}$$

で表され，これは i 番目の長方形の面積です．$t=0$ から t までの全区間で進む距離 x は，各区間で進む距離（＝各区間の長方形の面積）の和ですから，結局 $t=0$ から t までの全面積に等しいことになります．つまり

$$x = x_1 + x_2 + \cdots\cdots + x_N = \sum_i x_i = \sum_i v(t_i)\Delta t \tag{1・12}$$

この面積は，図 **1・7** より，大きな長方形と三角形の面積の和より

$$x = \frac{1}{2}t(v(t) - v_0) + v_0 t \tag{1・13}$$

式(**1・9**)を用いて $v(t)$ を消すと

$$x = \frac{1}{2}at^2 + v_0 t \tag{1・14}$$

が得られます．これが，加速度の大きさ a が与えられた時に進む距離の式です（ただし，$t=0$ の時 $x=0$ となる場合の式です）．v_0 は，$t=0$ の時の速さ（初速度）を表しています．$t=0$ での条件を**初期条件**といいます．実は，これは微分の逆の積分をやったことになっています．これらの式を用いて，以下の問題を解いてごらんなさい．

▌**問題 1・12** 地球の重力加速度の大きさは，これを g と書くと，**1.3** 節の問題**1・11** より $g = 9.8 \text{ m/s}^2$ です．りんごが初速度 0 で落ち始めました（これを**自然落下**といいます）．$t=1$ 秒，2 秒，3 秒後の落下距離とその時の速度を求めなさい（Newton はりんごの落ちるのを見て，万有引力を思い付いたそうです．本当かな？）．

▌**問題 1・13** 高さ 20 m のビルがあります．このビルの上から車が落ちたら，何秒後に地面に着くでしょうか．また，地面につく時の速さは時速では何 km/h でしょうか．

　時速 70 km で走る車がブレーキを踏まずに壁に衝突する時のショックは，高さ 20 m のビル（約 6 階）の上から，落ちた時のショックに等しいことがわかるでしょう．

▌**問題 1・14** 高さ 1000 m の上空から，ある人がスカイダイビングをするとします．もし空気の抵抗がないとすると，何秒後に地上に着くでしょうか．また，その時の速さはいくらでしょう．（実際はすぐにパラシュートを開けば，空気の抵抗があるために約 3 〜 5 分程かかるそうです．空気の抵抗って，大きいです

ね. 昔の人が重い物の方が軽い物より速く落ちると信じていたって無理もないですね. 同じ大きさだと, 重い物は軽い物より空気の抵抗の影響が小さいので速く落ちるのですから).

ところで普通のスカイダイビングは 1000 m から 4000 m の高さより行い, パラシュートが開いた後の落下速度は 3 ～ 5 m/s だそうです.

■ 問題 1・15 高さ h の所から落ちてきた物体の速さ v を g と h を用いて表してごらんなさい. 式(**1・14**)を用います.

v_0

g

重力加速度 g によって, ひが徐々に小さくなって, 最高点で 0 になると, ボールは再び落ちてくるんだね.

1・5 | 投げ上げられたボールは等加速度運動をする

今度は地上でボールを鉛直上向きに, 速さ v_0 で投げ上げる場合を考えてみましょう. 自然落下の場合と投げ上げられたボールの運動は, どこが違うでしょう. どちらも地球の重力加速度 g を受けるのですから, その運動は共に式(**1・9**), (**1・14**)で書かれます. 2つの運動の違いは初期条件, すなわち, $t=0$ での差にあるのです. 自然落下では, $t=0$ では $v_0=0$, ところが投げ上げられたボールの場合は, 初速度があり $v_0 \neq 0$ です. これだけの差です.

もう1つ投げ上げで注意することは加速度 a の符号です. 投げ上げをする点を原点として, 上向きに y 座標をとりましょう. ボールは $y=0$ の点を上向きに v_0 で飛び出し, 次第に遅くなりついには $v=0$ となり, 最高点に達し, 今度は下向きに落ちていきます. ここから先は自然落下と同じです. このボールの運動は, 上向きの速度が次第に小さくなっていくので減速運動です. ですから, y 座標を上向きに正ととった時の加速度 a の符号は負です. 地上では, 重力加速度の大きさは g だから, $a=-g$ と書いて式(**1・9**), (**1・14**)より, 任意の時刻 t での瞬間の速さ v と位置 y は

$$v = -gt + v_0 \tag{1・15}$$

$$y = -\frac{1}{2}gt^2 + v_0 t \tag{1・16}$$

で与えられます.

■ 1・5・1 最高点の高さの求め方

最高点では, $v=0$ となりますから, 式(**1・15**)より, その時刻 t は

$$0 = -gt + v_0 \quad \text{より} \quad t = \frac{v_0}{g} \qquad (1 \cdot 17)$$

この t を式 $(1 \cdot 16)$ に入れて

$$y = -\frac{1}{2}g\left(\frac{v_0}{g}\right)^2 + v_0\left(\frac{v_0}{g}\right) = -\frac{v_0^2}{2g} + \frac{v_0^2}{g} = \frac{v_0^2}{2g} \qquad (1 \cdot 18)$$

となります．私達の座標のとり方では，投げ上げる点が原点ですから，y はそのままボールの高さになるので，最高点の高さは $v_0^2/2g$ になるわけです（座標のとり方は人が勝手に決めるもので，どうとっても良いのです．一度決めたらその座標で一貫して最後まで計算を行えば，答えは同じになり座標のとり方によりません．ただし，今の例で下向きに y 座標をとった時は v_0 が負，a が正になる事に注意して下さい）．

▌ **問題 1·16** 初速度 $72\,\mathrm{km/h}$ でまっすぐ上向きに投げ上げられたボールは，空気抵抗がないとすると，

① 最高点に達するまでの時間はいくらですか．

② どこまで上がるか，最高点の高さを求めなさい．

③ また，ボールを投げ上げてから，ボールが再び落ちてくるまでの時間はいくらでしょう．

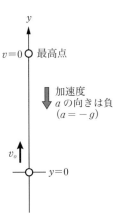

y を上向きに取ると a は負，v_0 は正になるよ。

図 1·8

II

ベクトルと物理量

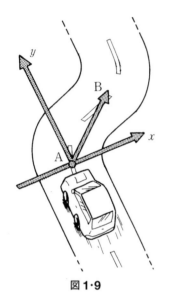

図 1·9

1·6 | ベクトルは大きさと方向を持った量

　今まで直線運動だけを考えてきましたけれども，図 **1·9** のように，もし車が曲がった道路を走っている場合は，どう考えたら良いのでしょう．この場合は車は運動の方向も変えます．まず，車の位置の表し方について考えてみましょう．車が点 A から点 B まで移動した時，A から B まで矢印を引いて，車の移動を表します．矢印の長さは，大きさ（移動の距離）ですし，矢の向きが方向（移動の方向）を表します．このように，大きさと方向を同時に表す量を**ベクトル**と呼びます．

　ここで，ベクトルをよく理解するために速さと速度の違いについて述べましょう．今まで述べてきた速さは，大きさだけを示す言葉で方向は指定していません．ところが，速さだけでは平面上での運動は指定できません．南の方向に速さ 50 km/h で行くのと，東の方向に速さ 50 km/h で行くのは大違いです．そこで，大きさだけでなく方向をも同時に指定する言葉として，速度というものを考えるわけです．速度は大きさ（＝速さ）とその方向の 2 つで指定されますから，速さが同じでも方向が違うと速度は違います．速度が一定で速さも方向も変わらない運動を**等速度運動**といいます（あるいは，同じ速さで直線上を動く運動だから**等速直線運動**ともいいます）．速度のように大きさと方向を持った量がベクトルです．

　同様に，加速度はその大きさと方向の 2 つで指定されるベクトルです．加速度が一定で，加速度の大きさも方向も変わらない運動を**等加速度運動**といいます．投げ上げや自然落下は，等加速度運動です．以上をまとめると，位置の変化や速度，加速度，力等は，大きさと方向を持っているのでベクトルです．これに対し，速さは速度（ベクトル）の大きさだけを表す言葉で，**スカラー**と呼ばれます．時間や質量や電荷等は，大きさだけで方向を持っていませんので，スカラーです（ベクトル量には上に矢印をつけて $\vec{v}$（ベクトル・ブイと読む）とか $\vec{F}$ で

表します). ベクトルの大きさは $|\vec{v}|$ （絶対値ベクトル・ブイと読む），
$|\vec{F}|$ と表すこともあれば単に，v，F で表すこともあります．

■ 1·6·1　ベクトルの和と差

　ベクトルは，図 1·10 のように**合成**したり，任意のベクトルに**分解**
したりできます．また，図 1·11 のように，2 つのベクトルをたした
り，引いたりできます．

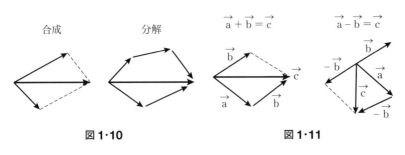

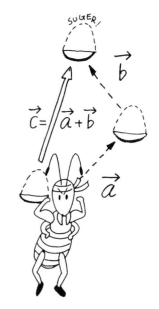

| 合成 | 分解 | $\vec{a}+\vec{b}=\vec{c}$ | $\vec{a}-\vec{b}=\vec{c}$ |

図 1·10　　　　　　　　　　図 1·11

　2 つのベクトル $\vec{a}$，$\vec{b}$ を合成することをたし算といい
$$\vec{c}=\vec{a}+\vec{b}$$
と表します（$\vec{a}$，$\vec{b}$ が力のベクトルの場合，力 $\vec{c}$ を合力といいます）．
ベクトル $\vec{a}$ と $\vec{b}$ のたし算では，平行四辺形を書いた時の対角線が 2
つのベクトルの和になります．または，ベクトル $\vec{b}$ を向きを変えず
に移動して，$\vec{a}$ の終点に $\vec{b}$ の始点を重ね，$\vec{a}$ の始点から $\vec{b}$ の終点へ
線を引いたものが $\vec{c}$ です．引き算 $\vec{a}-\vec{b}$ は，$\vec{a}+(-\vec{b})$ とたし算に直
しても良いのです．$-\vec{b}$ はベクトル $\vec{b}$ の長さは変えずに，向きを正
反対にしたベクトルです．2 つのベクトル $\vec{a}$ と $\vec{b}$ が等しい，すなわ
ち，$\vec{a}=\vec{b}$ という時，その大きさも方向も共に等しくなければならな
いことを忘れないようにして下さい．

aは，方向が同じで長さも
同じだから，同じベクトル。
bは，方向は同じだけど
大きさがちがうから，同じ
ベクトルではないの。

図 1·12

休憩室

綱引きは力の合力，斜面は力の分解

　力のベクトルの**合成**と**分解**の例を示しましょう．

1本の綱の両側で綱引きをすれば，力は逆向きです．どんなに大きな力で引いても，両側の力の大きさが等しい場合は合力は0で綱は動かず，勝負は引き分けになります．2人で荷物を斜めに引き上げる場合，2人の力の合力は，図のようにちょうど真上向きで，その大きさは荷物の重さと等しくなります．以上は，力のベクトルをたし合わせる例です．

次に力の分解の例を見てみましょう．斜面に物体を置くときは真下向きの重力 W を2つの方向に分解して考えてみましょう．1つは斜面に垂直な力 N で，これは斜面を押しつける力となります．他の1つは斜面に平行な力 f で，この力が物体を斜面にそって滑らせようとする力となります．車いすを押す場合も，この f の大きさだけ押さねばなりません．この f は，斜面の角度 θ が大きいほど大きくなります（$f = W\sin\theta$ です）．

このように，力は大きさと方向を持っており，ベクトルとして合成したり，分解したりできます．

図1·13

1·7 │ ベクトルを用いた速度・加速度の表し方

ベクトルを用いて，速度を表すこともできます．速度の定義は，式（**1·2**）と同じで

$$\vec{v}(t) = \frac{\vec{\Delta r}}{\Delta t} = \frac{微小な時間\Delta t の間の位置の変化量(\vec{\Delta r})}{ある時刻での微小な時間(\Delta t)}$$

$$(1·19)$$

です．

今，図 **1·14** のように，x と y の2次元の平面上を運動する場合，時刻 t で車がA点にあるとして，A点の位置ベクトルを $\vec{r}(t)$ で表すことにしましょう（原点はどこでも同じ結果になる）．微小時間 Δt 後（すなわち，時刻，$t + \Delta t$）には，車はB点に進んだとしましょう．B点の位置ベクトルは $\vec{r}(t + \Delta t)$ で，

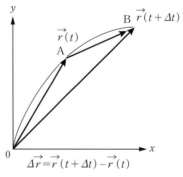

ベクトルは，大きさと方向を表しているから，上のような計算ができるんだね．

図1·14

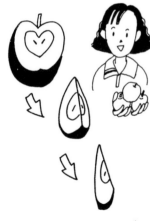

例えば，りんごを $\frac{1}{2}$，$\frac{1}{4}$，$\frac{1}{8}$……と小さく切っていくと，はじめは丸かった，りんごの皮のついている所がだんだん直線のようになってくるよ．薄く切ったりんごを横に並べて，ためしてみたら？

$\vec{r}(t)$ とは少しだけ違っています．この A 点から B 点へ進んだ時の位置の変化量 $\varDelta\vec{r}$ は $\varDelta\vec{r} = \vec{r}(t+\varDelta t) - \vec{r}(t)$ で表され，それは A から B へ向かうベクトルです．よって，式(**1·19**)より

$$\vec{v}(t) = \frac{\varDelta\vec{r}(t)}{\varDelta t} = \frac{\vec{r}(t+\varDelta t) - \vec{r}(t)}{\varDelta t} \tag{1·20}$$

図 **1·14** からわかるように，$\varDelta t$ が微小なら車の軌跡が曲線であっても，直線で近似されますし，また，$\varDelta\vec{r}(t)$ が軌跡の時刻 t での**接線**の方向を向いていることがわかります．式(**1·20**)より，速度ベクトル $\vec{v}$ の向きは $\varDelta\vec{r}$ の向きに等しいので，$\vec{v}$ は常に軌跡の接線方向を向いていることになります．

上と同様に，加速度ベクトル $\vec{a}(t)$ は，速度ベクトルの変化分 $\varDelta\vec{v}$ を用いて

$$\vec{a}(t) = \frac{\varDelta\vec{v}(t)}{\varDelta t} = \frac{\vec{v}(t+\varDelta t) - \vec{v}(t)}{\varDelta t} \tag{1·21}$$

で定義されます．この加速度ベクトル $\vec{a}(t)$ は，図 **1·15** のように常に速度のグラフの接線方向を向いています．

図 **1·15**

1·8 ベクトルは成分に分けられる

ベクトルは，もちろん座標を使っても表せます．図**1·9** の車の運動は**2 次元の運動**だから，x, y 座標をとると，時刻 t での車の位置は $(x(t), y(t))$ で表せます．つまり，$\vec{r}(t)$ は x, y 成分に分けて書くと $(x(t), y(t))$ になります．同様に，$\vec{r}(t+\varDelta t)$ は $(x(t+\varDelta t), y(t+\varDelta t))$ です．ベクトルをその大きさと方向で表すのは，実は数学でいう**極座標表示**と同じなのです．ベクトル $\vec{r}$ の大きさを r，方向を x 軸との角度 θ で表すと，x, y 成分との関係は

$$\begin{cases} x = r\cos\theta \\ y = r\sin\theta \end{cases} \tag{1·22}$$

となります．

速度ベクトル $\vec{v}(t)$ も成分に分けて，x 成分を v_x，y 成分を v_y と書くことにす

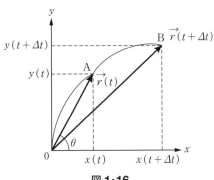

図 **1·16**

ると（つまり, $\vec{v} = (v_x, v_y)$）, 式(**1・20**)は x 成分と y 成分の2つの式に分解できます. なぜなら, 2つのベクトルが等しい時は, それぞれの成分どうしが等しくなければならないからです.

$$\begin{cases} v_x = \dfrac{\Delta x}{\Delta t} = \dfrac{x(t+\Delta t) - x(t)}{\Delta t} \\ v_y = \dfrac{\Delta y}{\Delta t} = \dfrac{y(t+\Delta t) - y(t)}{\Delta t} \end{cases} \tag{1・23}$$

つまり, 速度の x 成分 v_x は x の微分で, y 成分 v_y は y の微分で与えられます. これらの量の関係は, 今までの直線運動（1次元）の式を, そのままベクトル（2次元）に拡張したものになっています. 同様に, 式(**1・21**)も成分に分けて書くと,

$$\begin{cases} a_x(t) = \dfrac{v_x(t+\Delta t) - v_x(t)}{\Delta t} = \dfrac{\Delta v_x}{\Delta t} \\ a_y(t) = \dfrac{v_y(t+\Delta t) - v_y(t)}{\Delta t} = \dfrac{\Delta v_y}{\Delta t} \end{cases} \tag{1・24}$$

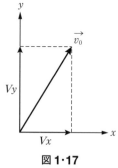

図 **1・17**

このように, x, y 成分で書けば2つの式をベクトルでは1つの式で書けるところが, ベクトルを用いる利点でしょう. また, 1次元の式を2次元の式に拡張する場合も, ベクトルを使えば容易に拡張できます. 以下はその例です. 式(**1・9**)をベクトルに拡張すると

$$\vec{v}(t) = \vec{a} \cdot t + \vec{v_0} \tag{1・25}$$

x, y 成分で書くと

$$\begin{cases} v_x(t) = a_x t + V_x \\ v_y(t) = a_y t + V_y \end{cases} \tag{1・26}$$

ただし, V_x, V_y は初速度 $\vec{v_0}$ の x, y 成分の大きさです. 式(**1・14**)は

$$\vec{r}(t) = \frac{1}{2}\vec{a}t^2 + \vec{v_0}t \tag{1・27}$$

x, y 成分で書くと

$$\begin{cases} x(t) = \dfrac{1}{2}a_x t^2 + V_x \cdot t \\ y(t) = \dfrac{1}{2}a_y t^2 + V_y \cdot t \end{cases} \tag{1・28}$$

ベクトルを使うと, 2つの式が1つでまとめて書けるので便利です. しかし, 実際に問題を解く時は, 成分に分けて解くことが多いことを知っておいて下さい.

1·9 ┃ 微分・積分を用いた速度, 加速度, 位置の求め方

　物理学の多くの式は, **微分・積分**を用いて書くと簡単で, しかも非常に直観的でわかり易くなります. その最初の例が **1·2**, **1·3**, **1·4** 節で学んだ速度, 加速度, 位置の求め方です.

　たとえば, 式(**1·2**)を見てみましょう.

$$v = \frac{\Delta x}{\Delta t} = \frac{x(t + \Delta t) - x(t)}{\Delta t} \tag{1·29}$$

となっていますね. ここで, Δx は微小な時間 Δt の間に進んだ距離です. この Δt, Δx の Δ の意味は "微小な" ということですが, 一体どのくらい微小なのでしょう. 数値計算をする時は, たとえば, $\Delta t = 0.1$ s とか, 0.01 s とか, 問題に応じて, 答が Δt の取り方によって変わらない程度に小さければ良いのです. しかし, 数学的にもっと厳密に v を定義しようと思ったら, Δ は "無限に微小な" としなければなりません. すなわち, 式で書くと

$$v = \lim_{\Delta t \to 0} \frac{\Delta x}{\Delta t} = \lim_{\Delta t \to 0} \frac{x(t + \Delta t) - x(t)}{\Delta t} \tag{1·30}$$

となり, これは数学の微分記号 $\frac{dx}{dt}$ の定義と全く同じです. すなわち

$$v = \lim_{\Delta t \to 0} \frac{\Delta x}{\Delta t} = \frac{dx}{dt} \tag{1·31}$$

　つまり Δ は "微小" だけれど, それをもっともっと小さくして無限に小さくすると, d に置き換わると思えば良いでしょう. そこで, 今まで出た式での Δ を d で置き換えると, 微分を用いた表現が得られるわけです. 加速度の式(**1·6**)は, 結局

$$a = \lim_{\Delta t \to 0} \frac{\Delta v}{\Delta t} = \frac{dv}{dt} \tag{1·32}$$

となります. 形は式(**1·6**)と同じです. でも Δ と d には, 上に述べたような意味の違いがあります.

　こうして, v と a の微分による表現が求まると, 実は, 速度や加速度を簡単に式で求めることができます. たとえば, 時間 t での位置 x が式(**1·14**)で与えられる場合, 式(**1·31**)より, x の式を t で微分して $\frac{dt^n}{dt} = nt^{n-1}$ だから (微分の公式は, **p.161** の付録 **3** を見て下さい)

$$v(t) = \frac{dx(t)}{dt} = \frac{d}{dt}\left(\frac{1}{2}at^2 + v_0 t\right) = \frac{1}{2}a\frac{dt^2}{dt} + v_0\frac{dt}{dt}$$

$$= at + v_0 \tag{1·33}$$

これは，式(**1·9**)の速度の式と同じです．

さらに，式(**1·32**)によりもう一度 t で微分して，

$$a(t) = \frac{d}{dt}(at + v_0) = a \tag{1·34}$$

がちゃんと出てきます．

　今度は加速度が与えられた時に速度や位置の式を出してみましょう．これはちょうど今までとは逆です．速度から加速度を微分で出した時と，ちょうどその逆に，加速度から速度は<u>積分</u>で出します（積分は微分の逆の演算です．積分の公式は，**p.162** の付録4を見て下さい）．

$$\int t^n dt = \frac{1}{n+1}t^{n+1} + C \quad (C \text{ は積分定数})$$

を用いると，一定の加速度 a を時間で積分して

$$v(t) = \int a\,dt = at + C_1 \tag{1·35}$$

また，位置の方も，上の速度を再び時間で積分して

$$x(t) = \int v(t)\,dt = \int (at + C_1)\,dt$$

$$= \frac{1}{2}at^2 + C_1 t + C_2 \tag{1·36}$$

　さて，C_1 と C_2 の2つの積分定数は $t = 0$ での初速度 v_0 や初めの位置 x_0 の値（これを**初期条件**といいます）によって，決められます．式(**1·35**)，(**1·36**)で $t = 0$ とおくと

$$\begin{cases} v(0) = C_1 \equiv v_0 \\ x(0) = C_2 \equiv x_0 \end{cases} \tag{1·37}$$

（ $\equiv$ は等しいと定義するという意味です）

となりますから，結局

$$\begin{cases} v(t) = at + v_0 \\ x(t) = \frac{1}{2}at^2 + v_0 t + x_0 \end{cases} \tag{1·38}$$

が得られ，これは面積から求めた **1·4** 節の式と一致します．実は，積分は図 **1·18** のような曲線のアミの部分の面積を表しており，微分は図 **1·19** のように曲線の t での接線の傾きを表しているのです．

┃ 問題 1·17 微分がなぜ接線の傾きか，$v = \dfrac{dx}{dt}$ の式で考えてみましょう．

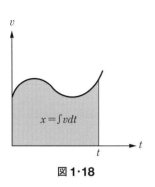

図 1・18

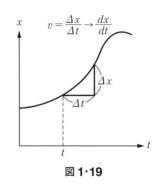

図 1・19

問題 1・18 速さや加速度が微分で表されたので，任意の運動について速さや加速度が計算できます．たとえば，位置 x が $x = t^3 - 3t^2 + 2t$ で与えられる時，$t = 1$ での速さと加速度の大きさを求めなさい．

III

力と運動

1·10 物体に力が働くと加速度運動をする

この節では，すべての加速度運動には必ず力が働いていること，また，物体に力が働くと，物体は加速をすることについて説明しましょう．

まず，力が全く働いていない状態を考えましょう．たとえば宇宙空間のような真空中でボールを投げると，ボールの運動を止めようとするものは全く何もないので，ボールはいつまでも同じ速さでまっすぐ飛び続けます．まさに等速直線運動です．このように全く力を受けない物体はいつまでも始めと同じ等速度で動き続けます．

では，次に，物体に力が働く場合を考えてみましょう．空気中で水平にボールを投げますと，ボールの速度の水平方向の成分は次第に遅くなります．これは，空気に小さいけれど抵抗力があるためです．氷の上で，ボールを滑らせる時や，スケートで滑る時，なかなか止まらないけれど，いつかは止まってしまいます．それは，氷に小さいけれど摩擦力があるためです．このように，速さが次第に遅くなる運動は減速しているので，加速度 a が負の加速度運動です．上の例のように物体の運動を妨げる力が働くと a が負の加速度運動となります．

もちろん逆に，物体の運動を加速する場合もあります．りんごの自然落下を考えてみましょう．初速度 0 で枝を離れたりんごは，真下に段々速く落ちていくでしょう．これが加速度運動で，その加速度が $g = 9.8 \text{ m/s}^2$ であることは，**1·3**節で学びました．自然落下は加速度 a が正の加速度運動です．以上をまとめますと，物体に力が働くと，その力が運動を妨げる方向であれ，加速する方向であれ，物体は必ず加速度運動をするわけです．

逆に，物体が加速度運動をする時は，いつでもその物体には力が働いています．では，自然落下の場合，りんごにはどんな力が働いているのでしょう．それは地球がりんごに及ぼす力で，**重力**と呼ばれてい

ます．重力は垂直下向き，すなわち，地球の中心向きに働きます（だからりんごは，枝から離れたとたん真下へ落ちるのです）．それはまた，りんごだけでなく，ボールにも，人間にも，空気にも，止まっている物にも，動いている物にも，地球上のありとあらゆる物に働きます．人間だって，ビルだって，その支え（地面）がなくなれば下へ落ちます．こうして重力という力のために，自然落下は加速度運動になるのです．では重力とは何なのでしょう．それは，地球と地上の物体が，互いに引き合っている力なのです．

地球は傾いているよ．

落っこちる？

▌ **問題 1・19** 地球は丸いのに，なぜ赤道直下の人々は落っこちることなしに立っていられるのでしょう．

休憩室

Newton と万有引力

引き合うのは地球と地上の物体だけでしょうか．もっと大担にあらゆる物には互いに引き合う力が作用すると仮定したらどうでしょう．すごく大胆ですね．でも，この仮定が正しいかどうかは実験して調べてみれば良いことです（実験装置としては，たとえば，図 1・20 のようなものが考えられます）．ニュートンはこのような推論を押し進め，あらゆる物は互いに引き合うという，「万有引力の法則」を導き出しました．彼はそれを使って，地球などの惑星の運動を正しく説明することができました．その後，実際に図 1・20 のような実験装置を用いて万有引力の法則が正しいものであることが証明されました．

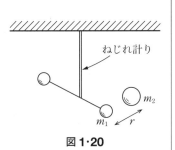

ねじれ計り

m_2

m_1 r

図 1・20

1・11 | 運動の 3 法則をよく理解しよう

さて，前節で力が働けば物体は加速度運動をすることを学びましたが，その時生じる加速度は一体どれくらいなのでしょう．力と加速度の定量的な関係を理解すれば，物体の任意の時刻の位置や速度を知ることができます．

ニュートンは，物体の運動の基本的な法則を次のような 3 つの法則にまとめました．

慣性の法則
運動の法則
作用・反作用の法則

◉ 第1法則（慣性の法則）

> 外からの力（**外力**）を受けない物体は等速直線運動を続ける.

　これはすでに前節で説明しました. 外力を受けない物体が等速直線運動を続けることを物体の**慣性**といいます. ですから, この法則を**慣性の法則**というのです.

◉ 第2法則（運動の法則）

　では, 外力を受けたら物体はどうなるのでしょう. 加速度を生じるのでした. 外力とその加速度の大きさには, 次の関係があります. これは, **運動の法則**と呼ばれています.

> 　外力 $\vec{F}$ により生じる物体の加速度 $\vec{a}$ は, その外力 $\vec{F}$ に比例し, 物体の**質量** m に反比例する.

　これを式で書くと（比例係数を1として）

$$\vec{a} = \frac{\vec{F}}{m} \tag{1·39}$$

　書き直して
$$\vec{F} = m\vec{a} \tag{1·40}$$

という式が得られます. この式は

　　　外から与える力＝質量×加速度

ということです. こんなに簡単に運動の法則が表せるなんて全く驚きですね. ここで1つ注意すべき点は, 力 $\vec{F}$ と加速度 $\vec{a}$ はベクトルであり, 大きさと方向があります. $\vec{F}$ が $m\vec{a}$ に等しいので, 力の方向と加速度の方向は必ず等しいことに注意して下さい.

◉ 第3法則（作用・反作用の法則）

　ここまで, 1つの物体だけを考えてきましたが, ここで2つの物体を考えてみましょう. たとえば, 人が車を力 $\vec{F}$ で押すと人もまた, 反対向きに力（$-\vec{F}$）を受けます. 力を働かせるのを**作用**, 反対向きの力を**反作用**というので, この法則は**作用・反作用の法則**といわれます.

> 　1の物体から, 2の物体に作用（力, $\vec{F}$）が働いた時, ちょうど逆向きに, 2の物体から1の物体へ反作用（力, $-\vec{F}$）が働く.

作用と反作用は大きさが等しく，その向きはちょうど逆です．

　たとえば皆さんが壁を押したら，自分が押した分だけ，自分も壁から押し返される力を感じるでしょう．これが作用と反作用です．

　ボートに乗っていて，他の人の乗っているボートを押すと，自分のボートも動いてしまうのも反作用の例です．

　ちょっと想像し難いでしょうが，何のささえもない宇宙空間でボールを投げたら投げた人もボールと反対方向に飛ばされてしまいます．ですから，次々と何かをある方向に投げ出せば，その反対方向に反作用の力を受け，加速され続けます．これがロケットを進める力（推力）の原理です．つまりロケットは，後方にガスを噴射し（ボールを投げ出すのと同じ），その反作用で前進します．

初めは，ものすごい勢いでガスを噴射しなければならないのは，地球に引っぱられないようにするためだよ．

　以上の3つの法則は，力学の基本中の基本で，非常に重要なものです．力学の多くの問題は運動の3法則を用いて，解くことができます．事実，ニュートンは，この3法則を基礎として力学を築き上げ，当時，ケプラーの法則として知られていた惑星の運動を見事に説明しました．

▌ **問題 1·20**　作用と反作用のいろいろな例をあげ，「作用・反作用の法則」がどのように成り立っているか考えてごらんなさい．

色やにおい

▌ **問題 1·21**　地球を強く蹴る時，私達は地球に作用（力 = $\vec{F}$）を与えます．力を受けていながら，なぜ，地球は動きださないのでしょう．

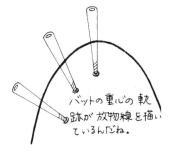

BUTSURI BOOK

バットの重心の軌跡が放物線を描いているんだね．

休憩室 ☕

物体を理想化すると質点になる

　物理の問題を皆さんが考える時，気にすることの1つに，質量 m の物体といわれた時，その形や色はどんなものを考えたら良いのだろうということがあると思います．

　物理では，今考えている問題に何が本質的に重要かということを考えます．ですから，物体の運動の場合に，色やにおい等の付随的なものは考えません．さらに，物体の回転運動を考えない場合は，形も大事ではありません．落下や投げ上げ等を考えている時は，物体の質量の中心点（正しくは**重心**）の運動を解いているのです．つまり，点の運動を考えているわけです．このように，形や大きさのある物体でも，理想的に質量がある一点に集まったものとして考え，これを**質点**と呼びます．本書でもそうですが，多くの場合，質点の運動を考えているのです．

1·12 数値には必ず単位をつけよう

　ここで，今まで出てきた物理量の単位について説明しておきましょう．単位のとり方は，基本的には任意にとって良いのですが，現在は最も一般的な単位系として，SI 単位系が使われます．SI は国際単位系の仏語で Systéme International d'unites の略です．これは基本的な物理量として長さ，質量，時間，電流，温度，物質量，光度の 7 つを基本的単位として選ぶものです．この 7 つのうち，最初の 4 つは力学と電磁気で重要なので，特に MKSA 単位系と呼びます．

　その他の物理量は，表 1·4 の単位を組合せて書くことができます．単位の組合せの書き方は簡単です．なぜなら，単位は<u>式の通りにかけ</u>たり割ったりできるからです．たとえば，速度 v は $v = \dfrac{\Delta x}{\Delta t}$ で，Δx が m，Δt が s なら速度 v の単位は m/s です．加速度も同様にして，m/s² となります（/ は割り算の意味で，一行で単位を書くために考え出された記法です）．

表 1·4　SI 単位系の 7 つの基本単位

MKSA 単位系	m	長さ	meter（m，メータ）
	kg	質量	kilogram（kg，キログラム）
	s	時間	second（s，秒）
	A	電流	Ampere（A，アンペア）
	K	温度	kelvin（K，ケルビン）絶対温度
	mol	物質量	（モル）1 モル ＝ 6×10²³ 個
	cd	光度	（カンデラ）光の放射強度

▌**問題 1·22**　力の単位を MKSA 単位系で書きなさい．
　　これは，式(1·40)を使えばいいですね．

　$F = ma$ で，m は質量で kg，a は加速度で m/s² ですから F は kg m/s² になるでしょう．これで正しいのですが，多少長いので，これをあらたに **N（ニュートン）** と呼ぶことにします．すなわち，1 N ＝ 1 kg m/s² ＝ 力の MKSA 単位となるわけです．もっと物理的な言い方をすると，質量 1 kg の物体に 1 m/s² の加速度を与える力の大きさが 1 N だとも言えます．

　物理では単位は非常に重要です．<u>数値には必ず単位をつけて下さい</u>．ただ，文字式には普通は単位をつけません．その理由は，文字式の中

の文字は数値だけでなく，単位をも共に表しているものだからです．

　物理の計算の場合，文字式のままで変形していき，求める式をできるだけ簡単にしておいて，最後に数値を入れて答えを出す方が良いのです．数値計算の時に選んだ単位によって答えの単位が決まります．

　たとえば，面積 $S = ab$ の式の計算で，a と b の単位に cm を選んだら，答えの単位は cm^2 になり，a, b の単位に m を選んだら，答えの単位は m^2 になります．

◉ 数値計算をするときの注意点

　数値計算をする時，よく 0 を何個もつける場合が出てきます．たとえば 1000 g とか，10000 g とかです．この場合，0 を何個もつけて書くと長くなるので，10^n という書き方をします．1000 g は 10^3 g だし，10000 g は 10^4 g です．また，1.6×10^3 g は $1.6 \times 1000 = 1600$ g，2.3×10^{-3} g は $2.3 \times 0.001 = 0.0023$ g となります．

　10^3 ごとに新しい呼び名をつけて，単位の前に書くことになっています．10^3 のことを k（キロ），10^{-3} のことを m（ミリ）といい，1.6×10^3 g $= 1.6$ kg（キログラム），2.3×10^{-3} g は 2.3 mg（ミリグラム）等といいます．

　右の表の桁を表す接頭語は，重さだけでなく長さにも時間にも，すべての単位に用いられます．表には 2022 年に追加された SI（国際単位系）の接頭語も含まれています．

　もう 1 つ，数値計算では**有効数字**というものが重要です．有効数字とは，測定で得られた意味のある（有効な）数字のことで，ふつうは有効数字の桁数を問題にします．たとえば，体重計で体重を計って 51 kg という値を出したら，有効数字は 2 桁です．注意深く 10 回計って，平均して 51.2 kg と出せば，有効数字は 3 桁です．これ以上の有効数字を出そうと思ったら，精密な計測器が必要です．有効数字は測定手段によって決まるので，自分の必要としている有効数字の桁数を考えて，測定器を選ぶ必要があります．

単位の接頭語

Q	クエタ	10^{30}
R	ロナ	10^{27}
Y	ヨタ	10^{24}
Z	ゼタ	10^{21}
E	エクサ	10^{18}
P	ペタ	10^{15}
T	テラ	10^{12}
G	ギガ	10^{9}
M	メガ	10^{6}
k	キロ	10^{3}
h	ヘクト	10^{2}
da	デカ	10
d	デシ	10^{-1}
c	センチ	10^{-2}
m	ミリ	10^{-3}
n	マイクロ	10^{-6}
n	ナノ	10^{-9}
p	ピコ	10^{-12}
f	フェムト	10^{-15}
a	アト	10^{-18}
z	ゼプト	10^{-21}
y	ヨクト	10^{-24}
r	ロント	10^{-27}
q	クエント	10^{-30}

1・13 ｜ 地球の万有引力が重力加速度 g を生む

　質量 m_1 と質量 m_2 の物体が距離 r だけ離れている時の万有引力の大きさ F は

$$F = G \frac{m_1 m_2}{r^2} \tag{1・41}$$

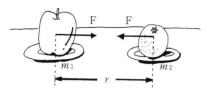

テーブルの上のりん
ごとみかんだって引
き合っているよ。

となります。ここで G は**万有引力定数**で $G = 6.67 \times 10^{-11}$ Nm²/kg² です。万有引力はあらゆる物質に働きます。すべての物質はたとえ離れていても目に見えないゴムひもで結ばれているように互いに引き合っています。ただ、質量の小さいものどうしの引力は、非常に小さいので感じないだけです。この地球上でもっとも大きい質量を持つ地球と、他の物との引力だけが非常に強大で私達の目にふれるのです。地球が他の物体を引く力が地球の重力です。

地球の質量を M、地上のある物体の質量を m として万有引力を求め、それから地球の重力の大きさ g を求めてみましょう。地球のように大きさのある物でも、その中心に、質量 M が集まっているとして良いことが証明されていますので、式(1·41)に $m_1 = M$、$m_2 = m$、r に地球の半径 R を入れて、地球 M とある物体 m の万有引力 F が以下のように書けます。

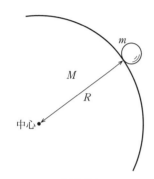

図 1·21

$$F = G\frac{Mm}{R^2} = \frac{GM}{R^2}m \qquad (1\cdot42)$$

$\frac{GM}{R^2}$ は定数なので、$g = \frac{GM}{R^2}$ とおくと $F = mg$ となります。この式は、地上の質量 m の物は、mg の力で地球に引かれていることを示しています。加速度 g の向きは地球の中心へ下向きです。この力により質量 m の物に生じる加速度 a の下向成分は、式(1·40)の外力 F に $F = mg$ を代入して、$mg = ma$ となり、$a = g$ が得られます。

つまり落下の加速度の大きさは g となり、質量 m によらなくなります。ですから、質量の大きい物も小さい物も同じように落下していくのです。これが、ガリレイのピサの斜塔の実験の証明です。この重力による加速度 g を**重力加速度**と呼んだのです。重力加速度 g のもとは地球の万有引力なのです。

▌問題 1·23 $g = G\dfrac{M}{R^2}$ で、地球の質量 $M = 6.0 \times 10^{24}$ kg、半径 $R = 6.4 \times 10^6$ m を用いて重力加速度 g を計算しなさい。

▌問題 1·24 質量 60 kg の人と 1 m 離れた所にいる 50 kg の人の間に働く万有引力の大きさはいくらぐらいでしょう。

休憩室

質量と重さの違い

運動の第二法則で質量 m という量が現れます．質量の単位が kg なので，重さと同じものと思う人がいるかもしれませんが，それは誤りです．質量と重さ（重量）は違う量です．**重さ**とは地球に重力があるから生じる力 mg のことです．

月の表面では重力加速度が地球の 1/6 しかありませんので，月での物の重さは，地球の 1/6 になります．さらには，無重力での宇宙空間では，物の重さは 0 になってしまいます．一方，質量 m は月でも，宇宙でも $m = \dfrac{F}{a}$（$F = ma$）が成り立っている限り，物体をどこに持っていっても一定で変わりません．2 つの違いがわかりますか．

重さは力なので，単位は力の単位でなければいけません．たとえば，N とか kg 重（kgw）とかです．1 kg 重という単位は，質量 1 kg の物が地球の重力によって引っぱられている力の大きさであり，これは N で表すと $g = 9.8 \text{ m/s}^2$ だから，$F = mg = 1 \text{ kg}\cdot 9.8 \text{ m/s}^2 = 9.8 \text{ kg m/s}^2 = 9.8 \text{ N}$ となります．1 kg 重は約 10 N，逆に 1 N は 0.1 kg 重の重さ（力）になります．

よく体重 50 kg といいますが，これは簡便な言い方であって，正確には質量 50 kg というか，体重 50 kg 重というのが正しいのです．今後，○ kg 重という言い方が，よく出てきます．これは，○ kg の重さ（力）で，皆さんが，重さ○ kg と言っているものです．重さには正しくは，重力加速度 g を意味する「重」がつきます．

生命は皆，原子によって結ばれている

質量は $m = \dfrac{F}{a}$ で定義される量だということですが，これには力 F の定義が必要で，あまり明確ではありません．そこで，もう少しましな別の定義を考えてみましょう．

あらゆる物質は，分解していくと原子を単位にしてできていて，その巨大な集合体です．原子は，また原子核と軽い電子からできており，原子の質量のほとんどは原子核です（電子の質量は核子の質量の $\dfrac{1}{1840}$）．原子核は，質量の等しい核子（陽子と中性子）の 1 個から数百個の集合体です．つまり，あらゆる物質の質量は，質量の等しい核子の巨大な集合体で作られているわけですから，電子の質量や核子の結合エネルギーを無視した時の物質のおおよその質量は

質量 ＝ その物体の中の全核子数 × 核子 1 個の質量

となるわけです．

核子 1 個の質量は大変小さく，1 モル ＝ 6×10^{23} 個集めてやっと 1 g になるほどです．ですから，核子 1 個でできている水素原子の質量は 6×10^{23} 個で 1 g，^{16}O（酸素原子）は核子 16 個でできているので，6×10^{23} 個集まると 16 g になります．この 1 モル ＝ 6×10^{23} 個という数字は大変に巨大な数で，私達が 1 回吐く息の中にも，これだけの巨大な数の酸素分子が含まれています．この分子は空気中を拡散し，他の人々が吸い込みます．そして，いずれ，全世界の 80 億の人々があなたの今吐いた息の中の分子を，1 回は吸

1 モル（mol）とは 6×10^{23} 個のこと！

原子や分子を 1 モル集めると，その質量は，原子や分子の質量数（核子の個数）と同じ数値になる．

例えば，

水素 ^{1}H は 1 モルで 1 g

炭素 ^{12}C は 1 モルで 12 g

酸素 ^{16}O は 1 モルで 16 g

水 H_2O は 1 モルで

$1 \times 2 + 16 = 18$ で 18 g

二酸化炭素 CO_2 は 1 モルで

$12 + 16 \times 2 = 44$ で 44 g

… など = etc

うことになります．つまり，呼吸によって酸素を共有しているわけです．共有しているのは酸素だけではなく，骨をつくる Ca（カルシウム）も，体をつくっている C（炭素）も H_2O（水）も共有しており，原子のレベルで見ると，あなたの体から他人の体へ，はたまた，他の生命へと受け継がれているのです．この意味で，生命は皆，原子によって結ばれているわけです．

質量の色々（kg）	
光子	0
電子	0.9×10^{-30}
核子	1.7×10^{-27}
水1分子	3.0×10^{-26}
地球	6.0×10^{24}
太陽	2.0×10^{30}

○ 核子 = 電子 1,840 個

人間 = 核子 10^{28} 個

地球 = 人間 10^{23} 人

太陽 = 地球 33 万個

図 1·22

1·14 | 力にはいろいろなものがある

　力にはいろいろなものがあります．物理の問題を考える時，まず最初に考えるべきことは，どんな力がどの方向にどれだけの大きさで働いているかということです．力を理解することは非常に大切です．以下，よく出てくる力について説明しましょう．

　まず，**重力**．これはあらゆる物体が互いに引き合う引力で，万有引力から生じます．質量 m の物体にかかる地球の重力の大きさは mg です．

　次に**電磁気力**．これは，電荷や磁荷を持った物どうしに働く力で，引力にも斥力（せきりょく）にもなります．重力と電磁気力の2つは，物理学の基本的な4つの力のうちの2つです（左図を参照）．

　以下に述べる力はいろいろな現象の中で現れる力だから現象論的力と言えます．これらの力は基本的力があるから生じた力です．

● 垂直抗力

　質量 m の物体を斜めになった床面に置くと，物体には，真下向きに重力が働きますが，図 **1·13** で説明したように，この力は，斜面を垂直に押す成分と，斜面に平行な成分に分けれます．斜面を垂直に押す成分がありながら，斜面の方向に沈まないのは，床面が物体を支えているからです．この床面が物体を支える力を床面に垂直に働いてい

るので垂直抗力といいます．垂直抗力は，床面が水平に対し角度 θ をなす時は，面に垂直で斜め上方に $mg \cos \theta$ です．水平な面なら $\theta = 0$ で，上向きに mg です．図 **1·26** を参照．

◉ 摩擦力

上の斜面で，物体には面に平行な成分があり，斜面を滑らせようとする滑り力があるのに，物体が滑り出さない時，そこには物体を押しとどめている摩擦力が働いています．摩擦力は，物体が面に沿って滑ろうとする滑り力の方向とは反対方向に働き，その大きさは $mg \cos \theta$ で，面に平行な滑り運動を妨げます．

摩擦力には最大値があり，最大摩擦力 f は垂直抗力 N に比例していて，$f = \mu_S N$ となります．μ_S（ミュー）は静止摩擦係数です．物体が動いていると摩擦力は変わり，$f = \mu_M N$ となります．μ_M は動摩擦係数で，静止摩擦係数 μ_S より小さいのが普通です．斜面での滑り運動については **p.033** の例 **2** を参照．

◉ 抗力

抗力とは，上の二つの力，垂直抗力と摩擦力の和（合力）のことです．物体が斜面に静止している場合は，真上向きに mg になります．つまり，真下向きの重力 mg とちょうど釣り合っているから静止しているのです．

◉ その他の力

空気や水の中を走る時は，抵抗があって動きを邪魔されます．**抵抗力**の大きさは，速さ v が小さい時は v に比例し kv となり，速さが大きくなると v^2 に比例して kv^2 になる傾向があります．摩擦力や空気の抵抗は，多くの問題ではその効果が小さいので，断りもなしに無視されることが多いことも知っておいて下さい．

その他に，液体や気体中での物体を浮かそうとする**浮力**，バネ等の弾性体が伸ばされたり縮められた時，もとに戻ろうとする**復元力**（**弾性力**），糸に物体をつり下げた時，糸が物体を引っぱっている**張力**等が出てきます．これらの力については，出てきたところで説明しましょう．

最後に，よく出てくる力として**外力**があります．「外力 F で質量 m の物体を押す」というように使われます．この外力は，人が押している力だと思って下さい（本当は，人でなくとも車で押しても，何で押

しても良いのです）. 一般には, 外力とは, 物体の外からかかる力のことです.

〔**注意**〕 **圧力**という言葉がありますが, 圧力 P は力そのものではなく, 力 F を力が加わっている面積 S で割ったもの, 単位面積にかかる力で $P = \dfrac{F}{S}$ です.

1·15 外力の和が加速度を生む

物体に, 2つ以上の外からの力（外力）が働いている場合は, 運動方程式 $\vec{F} = m\vec{a}$ の $\vec{F}$ は外力の和（合力）になります.

糸に質量 m の物体をつり下げた場合, 2つの外力が物体に働きます. 下向きに重力 mg と上向きに糸の張力 T です. この2力の大きさは等しく, 向きは反対です. なぜならこの物体は静止していますから, 加速度 $a = 0$ です. ですから, 運動方程式 $F = ma = 0$ で合力 F は0です. 力の向きを下向きに正と取れば $F = mg - T$ ですから, $F = 0$ の時は, 糸の張力 T は mg に等しく $T = mg$ となるわけです. このように,

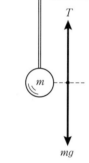

図 1·23

> 静止している物体に働いている外力の和は0, また逆に外力の和が0なら, 物体は加速度を持たない（始め止まっているものは止まったまま）

この時を力がつり合っているといいます. 力がつり合っている時, すべての外力のベクトルの和（合力）は0になっています. もし糸が切れて $T = 0$ となると, 力がつり合わず, 外力 F が0でなくなり, 物体は加速度運動を始めます. この時の運動は, もちろん $F = ma$ を用いて解けます.

> 外力の和が0でない時は, 物体は加速度運動をする

以上のことは大変重要なのでよく理解して下さい.

休憩室

つがえた矢は飛ばない

矢をつがえ大きく引きしぼったのに矢は飛びません. 図 **1·24** のように矢には 2 方向の張力と引きしぼった人の力の 3 つの外力が加わっていますが, これらの 3 力はつり合っていて外力の和が 0 だから, 矢は飛ばないのです. 人が矢をはなした瞬間から力のつり合いが崩れ, 矢は加速度運動を始めます. その加速度の向きは, 残った 2 つの張力の合力の方向に等しく, まっすぐ正面方向です.

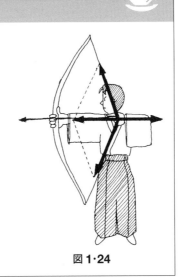

図 **1·24**

1·16 | 運動の問題の解き方

ここまでくれば, いよいよいろいろな運動の問題を解くことができます. 例題を解きながら, 方法を述べてみましょう.

◉ 例題

水平な道路を質量 1 t（＝1000 kg）の車が時速 72 km/h で崖に向かってまっすぐ走ってきました. 運転手は眠っています. このままでは崖へ落ちてしまいます. そこへ, スーパーマンが来て, 一定の力 F で車を押し続け, 危機一髪で車を止めました. 車が止まるまで 10 秒かかったとして, 以下の問に答えなさい. ただし, 車と道路の摩擦はないものとする.

問① スーパーマンの押した力 F はいくらだったでしょう.

問② 車が止まるまでに, 車は何 m 進んだでしょう.

まず決めねばならないことは座標です. スーパーマンが押し始めた点を原点にして, 右向きを正に x 軸をとりましょう. すると, 車の速度は正ですが, 力 F の向きは負となります（反対に左向きを正とすると, v は負, F は正となります）.

問① を考えましょう. 状況をよく繰り返して考えてみることが大事です. 車を力 F で押すと加速度 a が生じます. この加速度は力の

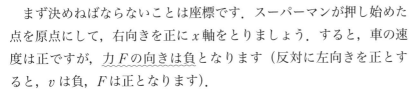

方向と同じですから，車の進行速度 v とは反対です．ですから，車の速度は次第に遅くなり，ついには止まるわけです．この時の力と加速度の関係は，ニュートンの第二法則で与えられます．それは $F = ma$ で F は求めたい量，m は 1000 kg，加速度 a は文章より求めます．時速 72 km/h の速さから 10 秒間で速さ 0 になり，またこの間の加速度 a は一定ですから，式(1·8)が使えます．ただこの時，単位を MKSA 単位系に合わせる点に注意して下さい．72 km/h は 20 m/s ですから，

$$a = \frac{0 - 20}{10} = -2 \, \text{m/s}^2 \tag{1·43}$$

したがって，質量 1000 kg の車に -2 m/s^2 の加速度を与える力の大きさ F は $F = 1000 \, \text{kg} \times (-2) \, \text{m/s}^2 = -2000 \, \text{N}$ になります．これが問①の答です（力にマイナスがついているのは，力 F が負の向きであることを示しています）．

問②は，加速度が求まっていますから，式(1·14)を用いると簡単に位置が求められます．$t = 0$ の時の x を 0 として，

$$x = \frac{1}{2}(-2) \times 10^2 + 20 \times 10$$

$$= -100 + 200 = 100 \, \text{m} \tag{1·44}$$

となります．この問題は速度の変化から加速度を求め，さらに力を求める問題でしたが，逆に力から加速度を求める問題もあります．以上の解き方，考え方をよく理解し，応用力をつけて下さい．

問題 1·25　滑らかに移動できるように，下側に車のついた質量 100 kg のベッドがあります．これを 50 N の力で 2 秒間押し続けたら，

① この間の加速度はいくらでしょう．

② 2 秒後の速さはいくらでしょう．

③ この間にベッドは何 m 動くでしょう．

問題 1·26　静止している質量 m の物体を力 F で距離 S だけ水平に押すと，速さ v はいくらになるかを以下の順で求めてみましょう．

① 質量 m を力 F で押すと加速度 a はいくらでしょう．

② その加速度 a で，距離 S を進むにはどれくらいの時間がかかるでしょう．

③ $v = at$ の a と t に，①，②の答えを代入して，v を m と F と S で表しなさい．これが答えです．

④ ③の答えを $F \cdot S = \boxed{}$ の形に直しなさい．これが $F \cdot S$ と v^2 の関係式です（実は，これで運動エネルギーが求められたのです．**1·28, 1·29** 節を勉強する時に思い出して下さい）．

1·17 | 運動方程式の用い方

$F = ma$ の式を具体的に書いたものが**運動方程式**で，運動を解くために最も大事な式です．この時の F は，いくつかの<u>外力の和</u>（ベクトルの合力）でなければなりません．1つの物体の運動を考える時でも，普通はいくつかの外力が働いています．以下3つの例で，どうやって運動方程式を立て，その運動を解くかを示しましょう．外力がどのように働いているかに注意して下さい．

◉ 例1 摩擦のある水平面上の物体を押す

床面上の物体を人が動かす場合，この物体には4つの外力が考えられます．

垂直な向きに重力 mg と抗力 N があり，その力の大きさは2力がつり合っているので（$N = mg$），物体は垂直方向には動きません．水平方向には，人が押す力 F と静止摩擦力 f があります．摩擦力 f は，運動を妨げる向きですから，人が押す力 F とは反対向きです．人が押す力 F が最大静止摩擦力 $\mu_S N (= \mu_S mg)$ より小さい時は物体は動きません．ところが，$F > \mu_S mg$ となると物体は加速度 a で動き始めます．この時物体は，動摩擦力 $\mu_M mg$ の抵抗力を受けながら運動しますので，その時の運動方程式は

$$F - \mu_M mg = ma \tag{1·45}$$

となります．この方程式は F が一定なら簡単に解け，

加速度 $a = \dfrac{F}{m} - \mu_M g$ の加速度運動になります．

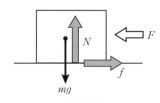

図 1·25

◉ 例2 摩擦のある斜面上での物体の運動

水平と角度 θ をなす斜面に物体をおくと，3つの外力が考えられます．

まず下向きに重力 mg，斜面に垂直に垂直抗力 N，斜面と平行に静止摩擦力 f です．角度 θ が小さい時は，この物体は静止しています．つまりすべての外力がつり合っていることになります．

力のつり合いを成分に分けてみましょう．座標軸は，どのように

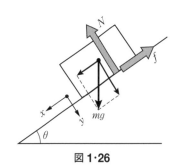

図 1·26

とっても良いのですが，ここでは斜面に平行に x 軸，斜面に垂直に y 軸をとると，重力 mg の x 成分は $mg \sin \theta$，y 成分は $mg \cos \theta$ となります．物体が斜面上で静止したままの時は，x 成分の和が0より

$$mg \sin \theta - f = 0 \qquad (1\cdot46)$$

y 成分の和が0より

$$mg \cos \theta - N = 0 \qquad (1\cdot47)$$

よって式(1·47)より $N = mg \cos \theta$ で，式(1·46)より $f = mg \sin \theta$ です．静止摩擦力 f が，$0 \leqq f \leqq \mu_s N$ であり，最大静止摩擦力 $\mu_s N$ より大きくない時，物体は動きません．ところが，式(1·46)の f は θ と共に大きくなり，ある角度で $f = \mu_s N$ となるでしょう．この角度が物体が静止している限界の角度です．この角度を θ_c と書くと $f = mg \sin \theta_c = \mu_s N$，これに $N = mg \cos \theta_c$ を代入して

$$mg \sin \theta_c = \mu_s mg \cos \theta_c$$

$$\mu_s = \frac{mg \sin \theta_c}{mg \cos \theta_c} = \tan \theta_c \qquad (1\cdot48)$$

よって静止摩擦係数 μ_s は，

$$\mu_s = \tan \theta_c$$

となります．この角度 θ_c を越えた斜面では，力はつり合わずに物体は動き出しますので，もはや式(1·46)は成り立ちません．その代わり，動摩擦力 $\mu_M mg \cos \theta$ が作用するようになり，次の運動方程式

$$mg \sin \theta - \mu_M mg \cos \theta = ma \quad (\mu_M \text{ は動摩擦係数}) \qquad (1\cdot49)$$

が成り立ちます．この運動も $a = g(\sin \theta - \mu_M \cos \theta)$ となる普通の等加速度運動です．

◉ 例3 バネにつけられた小球の運動は単振動

水平な床においたバネ定数 k のバネの先端に質量 m の小球をつけて，それを自然の長さから l だけ引っぱってはなしたら，小球は振動を始めます．この運動はどうすれば解けるでしょう．こんな問題には，一般的方法があります．

まず，座標をとります．この場合右向きに x 軸をとりましょう．次に，小球が運動しているある瞬間に小球にかかっている力を考えます．小球と床の間に摩擦力はないとすると，力はバネの復元力だけです．この力 F はバネが x だけ伸びている時 x と逆向きに働くので $-$ がつき $F = -kx$（復元力は伸びに比例する）で与えられます．次に，小球の運動方程式を立てます．これは力が1つしかないので

$$-kx = ma \qquad (1\cdot50)$$

となります．最後にこの方程式を解けば良いのですが，ここで加速度

a は速度 v の微分 $\dfrac{dv}{dt}$，さらに v は位置 x の微分 $v = \dfrac{dx}{dt}$ であったことを思い出しますと，

$$a = \frac{dv}{dt} = \frac{d}{dt}\left(\frac{dx}{dt}\right) = \frac{d^2 x}{dt^2} \qquad (1\cdot51)$$

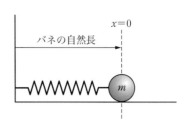

これを，加速度 a は位置 x の**2階微分**といいます．すると，運動方程式は

$$m\frac{d^2 x}{dt^2} = -kx \qquad (1\cdot52)$$

となり，これは変数 x の微分方程式です．これを**2階の微分方程式**と呼びます．この一般的な解（解のすべて）は

$$x = A\sin(\omega t + \phi) \qquad (1\cdot53)$$

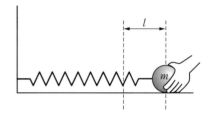

と書けます．ここで，A と ϕ（ファイ）は任意の定数で，A は振幅，ϕ は $t = 0$ での角度（初期位相）を表します．この2つの定数は $t = 0$ での条件，**初期条件**を与えることで決まります．問題より，$t = 0$ では $x = l$ でそれが最大値だから $A = l$，$\phi = \dfrac{\pi}{2}$ となり，

$$x = l\sin\left(\omega t + \frac{\pi}{2}\right) = l\cos\omega t \qquad (1\cdot54)$$

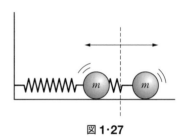

図 **1·27**

重要なのは角速度 ω（オメガ）で，ω は m と k で $\omega = \sqrt{\dfrac{k}{m}}$ と表せます．$\omega = \sqrt{\dfrac{k}{m}}$ の時，$x = l\cos\omega t$ が式(**1·52**)の解であることを示しましょう．

x の1階微分は　$v = \dfrac{dx}{dt} = -l\omega\sin\omega t \qquad (1\cdot55)$

x の2階微分は　$a = \dfrac{d^2 x}{dt^2} = -l\omega^2\cos\omega t = -\omega^2 x \qquad (1\cdot56)$

ですから，式(**1·50**)は

$$-kx = -m\omega^2 x \qquad (1\cdot57)$$

$$\therefore \quad k = m\omega^2 \qquad (1\cdot58)$$

よって，$\omega = \sqrt{\dfrac{k}{m}}$ なら，右辺＝左辺で，式(**1·58**)が成り立ち，解であることがわかります．この角速度 ω から，運動の周期 T や振動数 f を求めることができて

$$T = \frac{2\pi}{\omega}, \quad f = \frac{1}{T} = \frac{\omega}{2\pi} = \frac{1}{2\pi}\sqrt{\frac{k}{m}} \qquad (1\cdot59)$$

となります（**1·19**節を参照して下さい）．

この式から，振動数や周期は，質量とバネ定数のみで決まり，初期条件（A, ϕ）によらない事がわかります．

■ **問題 1·27** 100 g重のおもりをつけると，1 cm 伸びるバネの先端に質量 1 kg の物体をつけて単振動をさせた時の振動数 f を求めてみなさい．単位を合わせることに気をつけて下さい．

休憩室

共振は振幅を増大させていく

式（**1·50**）のような運動方程式はいろいろな所で出てきます．振り子の運動も全く同様にして解けます．

一般的に $-ax = b\dfrac{d^2x}{dt^2}$ の解は

$x = A\sin(\omega t + \phi)$ で $\omega = \sqrt{\dfrac{a}{b}}$, $f = \dfrac{\omega}{2\pi}$ となります．

もっと複雑な系も微小な振動の場合は，単振動の式（**1·50**）を満たすことは多いのです．この時，f を系の**固有振動数**といいます．今もし，この系を固有振動数と全く同じ振動数で外力を加えて振動させたら，だんだん振幅が大きくなります．たとえば，ブランコを押す時はでたらめに力を加えたりはしないで，ブランコの振動に合せて力を加えるでしょう．すると，ブランコはだんだん大きく振れていきます．これは，場合によっては大惨事をもたらします．1940 年，アメリカの吊り橋タコマ橋は固有振動に合せて吹く風によって揺らされ，ついに落ちてしまいました．日本でも，鉄橋の上を走っている電車が固有振動に合せて吹く風に揺らされ，川へ転落したことがありました．

このように，固有振動に合せて外力が働くと，だんだん振動の振幅が大きくなることを**共振**，または**共鳴**（Resonance）と呼びます．共振現象は，力学だけでなく音にも電気にも現れる一般的な現象です．楽器の多くは，共鳴を利用して大きな音を出せるように工夫がしてあります．たとえばギターの場合，弦をはじくと，弦は振動して音波を出し続け，その音波が箱の空洞の中で共鳴し，大きな振幅となります．ギター，ヴァイオリン，チェロ等の弦楽器やピアノ，三味線，琴等は弦の振動が出す音を共鳴箱によって大きな音にしています．太鼓やティンパニーのような打楽器は膜の振動を共鳴させて大きくします．フルートや笛等は，吹き込む息の振動を管の中で共鳴させて大きな音にします．

⇦ 風
おっと

1·18 | 2次元の運動は成分に分けて解く

1·5 節では，まっすぐ上に投げ上げる問題を考えましたが，今度は，ボールを水平方向に投げたり，斜め上に投げたりすることを考えてみ

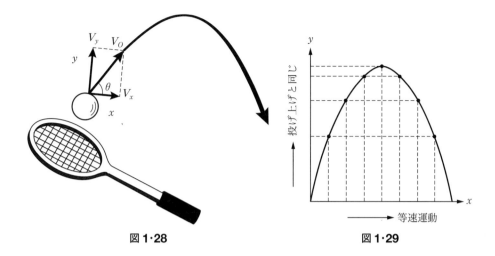

図 **1・28**   図 **1・29**

ましょう.

いま,ボールを水平と角度 θ をなす斜め上方に速さ v_0 で投げ上げたとしましょう.ボールは図 **1・28** のように運動します.これは,水平方向(x)の運動と垂直方向(y)の運動の 2 つのたし合わされたもの,x と y の 2 次元の運動なのです.つまり,x 軸方向に進みながら,y 軸方向に落下運動や投げ上げ運動をすると,図 **1・29** の運動が得られます.すなわち,x と y とを別々に解いても良いわけです.垂直(y 軸)方向については,投げ上げ運動と全く同じであり,同じ式が使えます.垂直(y 軸)方向には加速度 $a_y = -g$ があるから,投げる点を原点とすれば,式(**1・26**),式(**1・28**)の成分の式より

$$v_y(t) = -gt + V_y \tag{1・60}$$

$$y(t) = -\frac{1}{2}gt^2 + V_y \cdot t \tag{1・61}$$

この式で $V_y = 0$ とすると,投げ上げの初速度が 0,すなわち自然落下になり,$V_y > 0$ を与えると,投げ上げになります($V_y < 0$ を与えると,逆に投げ下げになります).

では,水平(x 軸)方向はどんな運動でしょう.実は,水平方向(x)の運動は,垂直方向(y)よりも簡単で,加速度が 0,すなわち,等速度運動なのです.これはたとえば,滑らかな摩擦のない氷などの上で,ボールをすべらせる場合を考えてごらんなさい.ボールは止まらないで,最初の速度のままでしょう.つまり,水平方向には力が働いていないので加速度がないのです.このときには式(**1・26**),(**1・28**)で加速度 $a_x = 0$ とした式が成り立ち,

$$v_x(t) = V_x \tag{1・62}$$

$$x(t) = V_x \cdot t \tag{1・63}$$

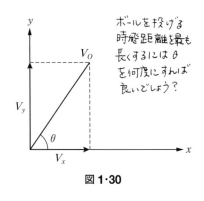

ボールを投げる時応距離を最も長くするにはθを何度にすれば良いでしょう？

図1·30

ちゃんと x 方向の速さ $v_x =$ 一定となっているでしょう．ここで，V_x，V_y は図 1·30 のような初速度 v_0 の x，y 成分です．斜めに投げる時は，その角度を θ とすると，

$$V_x = v_0 \cos \theta$$
$$V_y = v_0 \sin \theta$$

となります．この式(1·60)〜(1·63)で2次元運動のすべてが解けます．具体的な例として $\theta = 45°$ 方向に速さ 28.28 m/s で投げることを考えましょう．この時，x，y 方向の初速度 V_x，V_y は

$$V_x = 28.28 \cos 45° = \frac{28.28}{\sqrt{2}} = \frac{28.28}{1.414} \fallingdotseq 20 \text{ m/s}$$

$$V_y = 28.28 \sin 45° \fallingdotseq 20 \text{ m/s}$$

となります．

　ここで，$t = 0$ の時のボールの位置を，$x = 0$，$y = 0$（原点）として，以下の問を考えてみて下さい．

問題 1·28　この時の $t = 1$，2，3，4 秒後のボールの位置を表にしなさい．

$t = 0$ [s]	1	2	3	4
x [m]				
y [m]				

問題 1·29　上の表を x と y 軸のグラフにしなさい．これは，ボールが通った跡だから，**軌跡**といいます．

問題 1·30　ボールが最高点に達する時間 t はどうすれば求められますか．式(1·60)の $v_y(t)$ より考えなさい．

問題 1·31　最局点の位置 (x, y) はいくらでしょう．

　さて，ボールの軌跡の数値的求め方はわかったでしょう．その y を x の関数として式で表すには，式(1·61)，(1·63)から時間 t を消去すれば良いのです．式(1·63)から x と t の関係は $t = \dfrac{x}{V_x}$ となり，これを式(1·61)に代入して

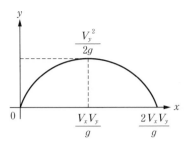

物を投げた時の軌跡は放物線になる。茶わんをふせた形も放物線になる。放物線は美しい形？……ね。

図 1·31

$$y = -\frac{1}{2}g\left(\frac{x}{V_x}\right)^2 + V_y\left(\frac{x}{V_x}\right)$$

$$= -\frac{gx^2}{2V_x^2} + \frac{V_y \cdot x}{V_x}$$

$$= -\frac{gx}{2V_x^2}\left(x - \frac{2V_x V_y}{g}\right) \tag{1·64}$$

この式より $x=0$ と $x=\dfrac{2V_x V_y}{g}$ の時 $y=0$ となることがわかるでしょう．つまり，ボールが飛ぶ距離は $\dfrac{2V_x V_y}{g}$ となるわけです．次にこの式を 2 次式の **標準型** ( )^2 + ○ の形に直してみましょう．

$$y = -\frac{g}{2V_x^2}\left(x^2 - \frac{2V_x V_y}{g}x\right)$$

$$= -\frac{g}{2V_x^2}\left\{x^2 - 2\frac{V_x V_y}{g}x + \left(\frac{V_x V_y}{g}\right)^2 - \left(\frac{V_x V_y}{g}\right)^2\right\}$$

$$= -\frac{g}{2V_x^2}\left(x - \frac{V_x V_y}{g}\right)^2 + \frac{g}{2V_x^2}\left(\frac{V_x V_y}{g}\right)^2$$

$$= -\frac{g}{2V_x^2}\left(x - \frac{V_x V_y}{g}\right)^2 + \frac{V_y^2}{2g} \tag{1·65}$$

式 (1·65) のグラフより $x=\dfrac{V_x V_y}{g}$ で **最高点** $\dfrac{V_y^2}{2g}$ となることもわかるでしょう．こんなことが式で簡単に出てくるなんて，何だかマジックみたいですね．

IV

円運動と単振動

1·19 角速度の大きさは円運動の速さを示す

　今まで学んだような直線運動とは違った運動の代表的な例として，**円運動**があります．円運動は，**振動運動**とも関係があり，とても重要な運動です．円運動は，たとえ一定の速さで円周上を動いていても，速度の方向がたえず変化しており，等速直線運動ではなく，加速度があります．加速度が0でない運動を**加速度運動**といいます．加速度が0の場合は，速度はいつも一定で，等速直線運動をします．ですから逆に，物体が等速であっても直線上を運動していない場合は，加速度が0でないので，それは加速度運動です．つまり，等速直線運動以外はすべて加速度運動なのです．円運動は，たとえ同じ速さで回っていても，直線上を運動していないので，加速度運動です．

　まず，角度の単位から考えてみましょう．中学では，角度は度（°）で表したと思いますが，物理では **rad（ラジアン）** を用います．なぜなら式が簡単になるからです．

　ラジアンは，半径1の円弧の長さで定義されます．半径1の円の円弧の長さが θ の時，その成す角を θ ラジアンといいます．具体例で示すと，半径1の円では，全円周の長さは 2π だから，360°は 2π ラジアン，半円の円弧の長さは π だから180°は π ラジアン，円の $1/4$ の円弧の長さは $2\pi/4 = \pi/2$ だから90°は $\pi/2$ ラジアンです．よく出てくる角度では45°は $\pi/4$ ラジアン，60°は $\pi/3$ ラジアン，30°は $\pi/6$ ラジアンです．

　次に，半径が r の円の θ ラジアンの円弧の長さを求めてみましょう．その円弧の中に，半径1の円弧を書くと，2つの円弧は相似形をしており，それぞれの長さは比例します．半径1で θ ラジアンの円弧の長さは θ だから，半径 r で θ ラジアンの円弧の長さを l とすると，比例関係から

$$1 : r = \theta : l$$

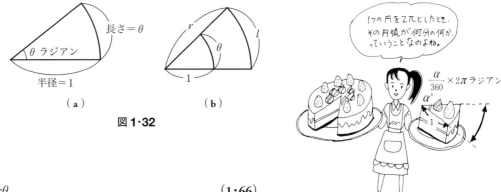

図 1·32

となり

$$l = r\theta \qquad\qquad (1\cdot66)$$

が得られます. θ に rad を用いたから, 式が簡単になった点に注意して下さい.

　さて, 水平面内で点 O を中心として, 半径 r の円周上を一定の速さ v で回っている物 (たとえば, メリーゴーラウンド) があるとします. この回っている物の**角速度**の大きさ (ω と書く) について述べましょう. 角速度の大きさとは, メリーゴーラウンドが単位時間 (普通は 1 秒間) にどのくらいの角度を回るかを表しています. これによって角度を回る速さ (角速度) を与えようというわけです. 実は, 速さ v とは $v = r\omega$ という関係があります. これを導きましょう.

　メリーゴーラウンドが一定の速さで回っていると, その角度 θ は時間と共に一定の速さで大きくなっていきます. すなわち

$$\theta = \omega t \qquad\qquad (1\cdot67)$$

です. 式 (1·67) を (1·66) に代入して $l = r\omega t$. この式より, 時間 t の間に円弧の長さ l だけ進むので,

$$v = \frac{l}{t} = \frac{r\omega t}{t} = r\omega \qquad\qquad (1\cdot68)$$

が導けました. 式 (1·68) は ω に rad/s を用いたから, 簡単になったのです.

▌ 1·19·1　周期と振動数

　ここで, 単振動や円運動や波動で必ず出てくる重要な言葉について説明しておきましょう.

　まず, **周期** T. これは, 円運動が一周するのにかかる時間です. また, 単振動が一往復するのに必要な時間でもあります. 周期 T は一周 $2\pi r$ を速さ v で進む時にかかる時間だから

$$T = \frac{2\pi r}{v} \qquad\qquad (1\cdot69)$$

式 (1·68) より $v = r\omega$ だから,

$$T = \frac{2\pi r}{r\omega} = \frac{2\pi}{\omega} \tag{1.70}$$

ともなります.

　次に**振動数** f（または，**周波数**とも言う）です．これは，単位時間（普通は 1 秒間）に円運動なら何回まわるか，単振動なら何回振動するか，その数を表すものです．1 回振動するのに T 秒だけかかるとすると，1 秒間には $1/T$ 回振動します．だから，

$$f = \frac{1}{T} \tag{1.71}$$

となり，式(**1.70**)を使うと

$$f = \frac{v}{2\pi r} = \frac{\omega}{2\pi} \tag{1.72}$$

となります．振動数 f の単位は回/秒で，これを **Hz**（ヘルツ）と呼びます．Hz は波の振動数をいう時も使われますし，医学でもよく使われますので覚えておいて下さい．心臓の鼓動は約 1 Hz，家庭用の電気の交流は 50 Hz とか 60 Hz などといいます.

1.20 │ 円運動の加速度と遠心力

　円運動は加速度運動ですから，必ず加速度の向きに力が働いています．たとえば，皆さんが石にひもをつけて，ぐるぐる回すことを考えて下さい．石に円運動させるために，私達はひもを引いておかなくてはなりません．この中心向きの力によって，石には加速度が生じ円運動ができるのです．では，その加速度の方向と大きさとを求めてみましょう.

　速度の定義式(**1.20**)より円運動の場合の速度は，図 **1.33** のように各点の接線の方向に向いています．加速度の式(**1.21**)より

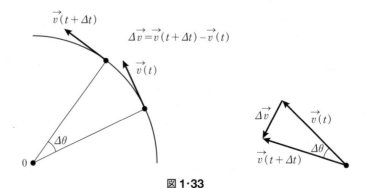

図 1.33

$$\vec{a} = \frac{\vec{\Delta v}}{\Delta t} = \frac{\vec{v}(t+\Delta t) - \vec{v}(t)}{\Delta t} \tag{1·73}$$

$\vec{v}(t+\Delta t)$ と $\vec{v}(t)$ の差を取り出して書くと，$\vec{\Delta v}$ は図 1·33 のように
なり，その方向は中心を向いています．つまり，円運動する物体の加
速度は中心を向いているのです．また，その大きさは，$\Delta\theta$ が小さいの
で，図 1·33 右図の三角形を半径 $|\vec{v}|$ の円の円周の一部だと近似でき，
式 (1·66) より

$$|\vec{\Delta v}| = |\vec{v}|\Delta\theta \tag{1·74}$$

ここで $|\vec{v}|$ はベクトル $\vec{v}$ の大きさを示します．Δt の間に回る角度
$\Delta\theta$ は式 (1·67) より $\Delta\theta = \omega\cdot\Delta t$ だから

$$|\vec{\Delta v}| = |\vec{v}|\omega\cdot\Delta t \equiv v\omega\Delta t \tag{1·75}$$

これを式 (1·73) に入れて

$$a \equiv |\vec{a}| = \frac{|\vec{\Delta v}|}{\Delta t} = \frac{|\vec{v}|\omega\Delta t}{\Delta t} = v\omega \tag{1·76}$$

ここで $|\vec{a}|$ を a，$|\vec{v}|$ を v と書くことにしました．式 (1·68) より

$$v = r\omega$$

だから，a はまた

$$a = v\omega = r\omega^2 = \frac{v^2}{r} \tag{1·77}$$

と書かれます．

こうして，円運動の加速度の方向は中心向きで，その大きさが $r\omega^2$
であることがわかりました．すると，質量 m の物体を半径 r，角速
度の大きさ ω で円運動させるための力 F の大きさは，$F = ma$ より

$$F = mr\omega^2 = mv\omega = m\frac{v^2}{r} \tag{1·78}$$

になります．円運動をさせるためにはこの力でひもを引く必要があ
り，この力を中心に向かって引っぱっている力という意味で，**向心力**
といいます．

休憩室

遠心力と遠心分離器

　皆さんは，車に乗っている時，車が急に発進した時は後ろへ倒され，急停
止すると前につんのめることを知っているでしょう．だれかが押したり，引
いたりしているわけではないのに，どうして力を受けるのでしょう．

　物には，**慣性**という現在の状態を続けようとする性質があるのです．です
から，止まっている乗り物を動かそうとすると，中の物や人は止まったまま
でいたいので，後ろへ押されてしまうというわけです．この力を，慣性に

…しかし 手を止めると こうなる

よって生じる力だから**慣性力**といいます.

慣性力は,加速度運動をする乗り物の中に生じ,加速度の向きとは必ず反対方向です.「外(の座標系)から見ると何の力も働いていないのに,加速度運動をする乗り物(**加速度座標系**)の中で加速度とは反対向きに働く力」これが慣性力です.

円運動は加速度運動ですから,円運動をする乗り物の中には加速度の向きとは反対の外側向きに慣性力が働きます.この慣性力を,中心から遠ざかろうとする力という意味で,**遠心力**と呼びます.車が急カーブをきった時,外側へ力を受けるでしょう.あれが遠心力です.バケツに水を入れて振り回しても,中の水がこぼれ落ちないのも,遠心力のせいです.遠心力の大きさ F は,質量 $m \times$ 加速度の大きさですから,向心力の大きさと等しく $mr\omega^2$ です.

遠心分離機は,試験管を高速で回転させて大きな遠心力を作り出し,高分子と低分子を分離しようというものです.質量 m が大きいほど遠心力が大きいことを利用したわけです.

1·21 円運動とは 2 つの単振動の合成されたもの

次に円運動と振動運動の関係を考えながら,円運動を別の視点から解いてみましょう.円運動は,2 次元の運動ですから,x と y の 2 つの座標を用いて,解いても良いわけです.

今,ある物が半径 r の円周上を反時計(左)まわりに回っているとしましょう.

中心 O を原点にして図 **1·34** より,半径を r,角度を θ として,

$$\begin{cases} x = r\cos\theta \\ y = r\sin\theta \end{cases} \tag{1·79}$$

物体が一定の角速度 ω で回転している時,式(**1·67**)より,$\theta = \omega t$ だから(θ は rad,ω は rad/s です)

$$\begin{cases} x = r\cos\omega t \\ y = r\sin\omega t \end{cases} \tag{1·80}$$

これが,時間 t での物体の位置です.この式(**1·80**)の運動を y と t,あるいは x と t で図に書くと,図 **1·34** のように sin,cos で振動しているグラフになります.この $x(t)$ あるいは $y(t)$ が**単振動運動**と言われるものです.だから,円運動は x,y 軸方向の 2 つの単振動運動の合

y 方向

このまま見る

横にして見る

x 方向

$t = 0$

図 1·34

成された運動と言えるのです．逆に円運動の 1 つの成分のみの運動を取り出すと，それが単振動です．すると，1・9 節でやったように，微分を用いて速度や加速度の x, y 成分を求めることができます．

式($1 \cdot 80$)を時間 t で微分すると速度が求まり，

$$\begin{cases} v_x = -r\omega \sin \omega t = -\omega y \\ v_y = r\omega \cos \omega t = \omega x \end{cases} \qquad (1 \cdot 81)$$

で，これを図に描くと，速度 $\vec{v}$ の方向は，ちょうど接線の方向になります．また，その大きさ v は

$$v = \sqrt{v_x{}^2 + v_y{}^2} = r\omega \sqrt{\sin^2 \omega t + \cos^2 \omega t} = r\omega \qquad (1 \cdot 82)$$

$v = r\omega$ となり，式($1 \cdot 68$)が求まります．

次に式($1 \cdot 81$)をもう一度 t で微分して加速度の各成分は

$$\begin{cases} a_x = -r\omega^2 \cos \omega t \\ a_y = -r\omega^2 \sin \omega t \end{cases} \qquad (1 \cdot 83)$$

となり，これを式($1 \cdot 79$)を用いて書くと

$$\begin{cases} a_x = -\omega^2 \cdot x \\ a_y = -\omega^2 \cdot y \end{cases} \qquad (1 \cdot 84)$$

となり，この式からも加速度 $\vec{a}$ の方向が $\vec{r} = (x, y)$ と一致し，マイナスの符号がついているから向きが反対，すなわち円の中心を向いていることがわかります．式($1 \cdot 84$)は単振動では重要な式です．

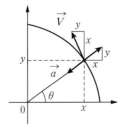

図 **1・35**

さて，円運動の加速度の大きさ a は

$$a = \sqrt{a_x{}^2 + a_y{}^2} = \omega^2 \sqrt{x^2 + y^2} = \omega^2 r \qquad (1 \cdot 85)$$

となり，これもやはり式($1 \cdot 77$)と一致するわけです．

言うまでもありませんが，単振動 $x = A \cos \omega t$ は，円運動の x 成分だけの式で，その動き方は円運動をちょうど x 軸に射影したものになっています．したがって式($1 \cdot 70$)，式($1 \cdot 72$)の周期 T で振動数 f の式は，単振動でも円運動でも全く同様に成り立つのです（このように，2 つの対応する運動を 1 つのものとしてとらえることは物理学の大変重要な方法です）．

V

運動量と衝突

1·22 | 運動量は運動のいきおい

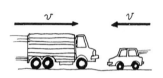

ニュートンの第2法則 $F = ma$ から，重要な物理量が新しく定義できます．それは運動量といわれるものです．

$a = \dfrac{\Delta v}{\Delta t}$ を使うと $F = m\dfrac{\Delta v}{\Delta t}$ となりますが，質量 m は時間によりませんので，m を v と一緒にして $F = \dfrac{\Delta(mv)}{\Delta t}$ とできます．この mv を p とおいて，**運動量**といいます．すると，運動方程式は $F = \dfrac{\Delta p}{\Delta t}$ と書けることになります．運動量の単位は，kg·m/s です．運動量 p は，運動のいきおいを表した量です．なぜなら速さ v で動いている物体は，質量 m が大きいほど運動のいきおいが大きく，これを止めようとしてもなかなか止まりません．たとえば，トラックと小型車が正面衝突した場合，同じ速さならトラックの方が運動量が大きく，なかなか止まらずに小型車の方をはね飛ばしてしまいます．また速さ v が大きいほど運動量が大きい例は，ピストルの弾があります．厚い板

に向けて撃たれたピストルの弾は，速さが速いほどなかなか止まらず，深く入っていきます．これらの例から，質量×速さが運動のいきおいを表わしていることがわかるでしょう．運動量 p が大事な理由は，もし力 F が0ならば $F = \dfrac{\Delta p}{\Delta t} = 0$ となり，運動量は時間によって変化しない，つまり，運動量は保存されるからです．外から力が働

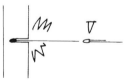

かない限り，運動のいきおいは変わらないわけです．証明は次節でやりますが，多数個の物体がある場合でも，その運動量の総和は，たとえ物体どうしが衝突していたり，くっついたりしても，いつも一定です．式で書くと

$$\text{全運動量 } \vec{p} = \vec{p_1} + \vec{p_2} + \cdots\cdots + \vec{p_N}$$
$$= m_1\vec{v_1} + m_2\vec{v_2} + \cdots\cdots + m_N\vec{v_N}$$
$$= \text{一定}$$

$$(1\cdot86)$$

となります。これを**運動量保存則**といいます。運動量が保存するのは，外力が働いていない時だけです。

　さて，今度は力を加えて運動のいきおいを変えることを考えましょう。止まっているゴルフボールをいきおいよく打つ。これは，ゴルフボールに力を働かせて，運動量を与えているのです。この時，最初の運動量は 0 で後が mv ですから，$\Delta p = mv - 0 = mv$ です。野球のボールをバットで打つ場合，ボールは最初 v の速さでピッチャーからバッターへ，バットで打たれると，今度はバッターからセンターの方向へ速さ v' で飛んで行きます。この時の運動量の変化は速度の向きが違うので，$\Delta p = mv' - (-mv) = m(v + v')$ となります。この運動量の変化は，どのような力によってもたらされるのでしょう。バットにボールが当たった瞬間を考えてみましょう。激しいいきおいでバットとボールが正面衝突をすると，ボールは強い力 F のために変形を始め，かなりつぶれます。そして，微小な時間の間，ボールは力 F によって加速度運動をさせられます。その結果，ボールはセンターの方向に大きな速さをもって飛び出していくのです。この時に働く力は，ほんの短い間だけ働く力で**撃力**と呼ばれています。この撃力の大きさを F とし，その力が働いている短い時間を Δt とすると，運動量の変化分 Δp は，$F = \dfrac{\Delta p}{\Delta t}$ から

$$\Delta p = F \cdot \Delta t$$

で与えられるわけです。$F \cdot \Delta t$ を力と時間の積だから**力積**と呼びます。単位は N·s です。ですから，運動量は力積の大きさだけ変化すると言っても良いわけです。もちろん，ボールの運動は，各時刻での力 $F(t)$ がわかりさえすれば，運動方程式

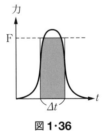

図1·36

$F = ma$ を用いて解くことができます。しかし，それは，微分方程式となり，簡単に解けないので，積分形にして $F\Delta t = \Delta p$ を解くわけです。ここに，運動量というものを考える意義があります。

　物体が進行方向と逆向きの力を受けて，止まるまでを考えましょう。運動量の変化分を Δp と書くと，その時働いた力 F は，$F = \dfrac{\Delta p}{\Delta t}$ から力が働く時間が瞬間的なら非常に強い力となり，時間が長いと弱い力になります。このことを応用した例をいくつかあげてみましょう。

① 車の衝突の場合，車の前部が長いほど衝突してつぶれる時に時間がかかるので，力が弱くなります。

② ボールをグラブで取る場合，グラブを後ろへ下げながら取ると，Δt が長くなるので痛さが減ります。

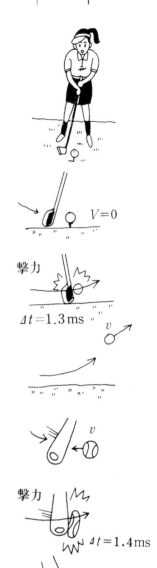

③ 高い所から飛び降りる時，私達は着地した瞬間に足を曲げます
　が，これも時間を長くして衝撃をやわらげようとしているのです．

④ ジョギングする時，セメントの上を走るより土の上を走る方が
　足を痛めません．これは，柔らかい土の方が，足が着地して止ま
　るまで，より長い時間がかかるからなのです．

衝突中の接触時間 [s]

バットとボール	1.4×10^{-3}
ゴルフ	0.5×10^{-3}
卓球	1.0×10^{-3}
テニス	4×10^{-3}
サッカー	8×10^{-3}

▎**問題 1·32** 　質量 1 t の車が，時速 72 km/h で壁に衝突したと
　しましょう．この車が壁に当たり始めて止まるまでに 0.1
　秒かかったとしたら，壁から車に対して働いた力の平均は
　いくらになるでしょう．

1·23 ｜ 運動量保存則を導く

　運動量保存則は，1個の物体の運動だけを取り扱っている時は単に，
外力が働かない物体は等速運動をするという第1法則と全く同じ内容
です．しかし，2個以上の物体の運動を取り扱う時に御利益がありま
す．たとえば，質量 m_1 と m_2 の2個の物体が衝突する場合，衝突の
前後で速度が変わりますが，衝突前の物体1の運動量 $m_1 v_1$ と物体2
の運動量 $m_2 v_2$ の和，すなわち全運動量 $m_1 v_1 + m_2 v_2$ は，外力が働か

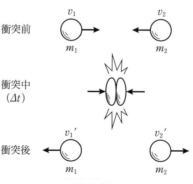

衝突前

衝突中
(Δt)

衝突後

図 1·37

ない限り，衝突後も変わらず保存されます．つまり，衝突前の物体 1，2 の速さを v_1，v_2 とし，衝突後の速さを $v_1{}'$，$v_2{}'$ としますと

$$m_1 v_1 + m_2 v_2 = m_1 v_1{}' + m_2 v_2{}' \tag{1·87}$$

が成り立つのです．このことを以下に示しましょう．外力がないので，2 つの物体が互いに力（作用）を及ぼし合うのは 2 つが衝突して接触している間だけです．この時間は，大変短いけれど必ずあります．衝突中の接触している時間を Δt としましょう．微小な時間 Δt の間の衝突中は，1 が 2 に $\vec{F_1}$ の力を及ぼし，2 が 1 に対し $\vec{F_2}$ の力を及ぼしますが，これは作用・反作用の法則により，常に大きさが等しく向きが反対で $\vec{F_1} = -\vec{F_2}$ です．また，この力は今対象としている 2 つの物体どうしに働く力であり，これを**内力**と呼んで，外からこの 2 つの物体に働く力（**外力**）とは区別しておきます．この衝突の場合，内力はあっても外力はないのです．運動の法則を 1 の物体に用いると，

$$F_1 = \frac{\Delta p_1}{\Delta t} = \frac{m_1 v_1{}' - m_1 v_1}{\Delta t} \tag{1·88}$$

2 の物体に対し，

$$F_2 = \frac{\Delta p_2}{\Delta t} = \frac{m_2 v_2{}' - m_2 v_2}{\Delta t} \tag{1·89}$$

$F_1 = -F_2$ だから

$$m_1 v_1{}' - m_1 v_1 = -(m_2 v_2{}' - m_2 v_2) \tag{1·90}$$

よって

$$m_1 v_1 + m_2 v_2 = m_1 v_1{}' + m_2 v_2{}' \tag{1·91}$$

が得られます．これは，衝突前の全運動量＝衝突後の全運動量となっています．したがって，外力が働かない限り（内力はいくら働いても良い）全運動量は保存することが導かれました．これを**運動量保存則**といいます．

▌ **問題 1·33**　質量 1 t（1000 kg）の貨車が 36 km/h で一直線上に走ってきて，前方に静止している質量 4 t の別の貨車と衝突し，連結されて 2 つ一緒に動きました．連結後の速さはいくらでしょう．

▌ **問題 1·34**　宇宙空間に静止している質量 100 t のロケットがあります．今，ロケットの後方へ 10 kg の鉄の玉を速さ 360 km/h で打ち出しました．ロケットはいくらの速さで進むでしょう．

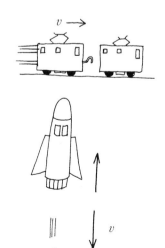

▌1·23·1 内力と外力

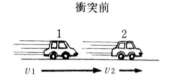

外力

内力

考えている範囲

考えの対象としている物体の外から働く力を外力，対象とする物体の中で働いている力を内力と呼びます．たとえば，A，Bの2つの物体がぶつかってAがBに及ぼす力，また逆にBがAに及ぼす力は，2つの物体の運動を考えている時は内力です．ところが，一方の物体Aのみしか考えの対象にしていない場合は，BがAに及ぼす力は外力になります．この区別は，外力がない時は運動量が保存するので，運動量の保存則を適用できるかどうかを決める時に重要になります．

▌1·24 はねかえり係数は衝突前後の相対速度の比

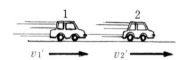

衝突前

衝突後

2つの物体1と2がある直線上（1次元）で，衝突する例を考えましょう．物体1と2の衝突前の速さ v_1，v_2 とその質量 m_1，m_2 を与えて衝突後の速さ v_1'，v_2' の2つを求めたいとします．未知数は v_1'，v_2' の2つがあるのに対し，これを決めるための方程式は運動量保存則の1つしかありません．もう1つ方程式がないと v_1'，v_2' は解けません．そこで，これを決めるために，**はねかえり係数**（または**反撥係数**）e の式を使います．これは

$$e = -\frac{衝突後の相対速度}{衝突前の相対速度} \qquad (1\cdot92)$$

で与えられます．相対速度というのは，物体2から見た物体1の速さ $v_1 - v_2$ です．速さ v_2 で動いている物体2に自分が乗っていると考えて下さい．同様に，衝突後の物体2から見た物体1の相対速度は，$v_1' - v_2'$ です．したがって，はねかえり係数 e は

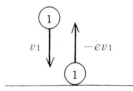

$$e = -\frac{v_1' - v_2'}{v_1 - v_2} \qquad (1\cdot93)$$

となります．通常は衝突前の相対速度と衝突後の相対速度は符号が反対なので，e を正にするため −（マイナス）をつけておきます．例として，床にボールを垂直に落とす場合を考えてみましょう．ボールを物体1とし床を物体2とすると，床は常に止まっているので $v_2 = v_2' = 0$ です．ボールの衝突直前の速さ v_1 は下向きで，衝突直後の速さ v_1' は上向きですから，符号が反対なのがわかります．

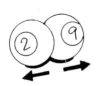

ビリヤードだってこの法則で説明できるんだよ。

$e = -\dfrac{v_1'}{v_1}$ より $v_1' = -ev_1$ となります．ピンポン玉はよくはねかえるので，同じ速さではねかえります．つまり $v_1' = -v_1$（すなわち $e = 1$）となり，粘土の玉はそのまま床にくっつくので $v_1' = 0$（すな

わち $e=0$) となります. e は $0 \leqq e \leqq 1$ の範囲にあり, $e=1$ の衝突を
完全弾性衝突, $e=0$ の時を**完全非弾性衝突**といいます. $e=1$ の時の
み, 衝突の前後でエネルギーが保存します（エネルギー保存則につい
ては **1・28** 節を参照）.

　今度はボールが斜めに床に衝突する場合を考えてみましょう. こ
の場合は, ボールの速度を床に平行な x 成分と垂直な y 成分とに分
けます. 衝突の時, 力（作用）は, 床と垂直な y 方向にしか働いて
いないことがこの問題のポイントです. ですから, x 方向のボールの運
動量は衝突後も全く変わりません. y 方向の速度の変化は, ボールを
床に垂直に落とした場合と全く同様で, はねかえり係数の式を用いて
$-ev_y$ となります（図 **1・38** 参照）. このように, 斜めの衝突の場合は,
力の働いた方向の成分についてはねかえり係数の式を用います. 問
題 **1・35** のような 2 つの球が, 斜めに衝突している場合も, 力の働い
た方向の速度の成分について, はねかえり係数の式を用いないと正解
が出ないので, 注意して下さい.

　はねかえり係数の式 $(1 \cdot 93)$ と運動量保存則の式 $(1 \cdot 91)$ を使えば,
あらゆる衝突の問題を解くことができます.

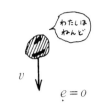

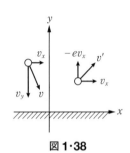

図 **1・38**

▌ **問題 1・35**　ビリヤードで,
　　止まっている球 5 番に速
　　さ v_2 で球 2 番を当てた
　　ところ, 球 5 番は角度
　　30° 方向に速さ v_5' で飛
　　んでいきました. 当てた
　　方の球 2 番の飛んでいく
　　角度 θ とその速さ v_2' を

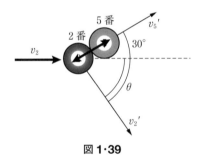

図 **1・39**

　求めなさい. ただし $e=1$ とし, 球の質量は等しく m と
　します.（これは 2 次元の衝突なので, 2 つの成分に分け
　て, それぞれの成分について運動量保存則と, 力の働いた
　方向についてはねかえり係数の式を立て解いて下さい）.

VI

仕事量とエネルギー

1·25 | 仕事量はエネルギーを決める出発点

　この節では，仕事量というものを考えましょう．仕事量は，エネルギーを考える時の出発点となるもので，運動方程式と同じくらい重要なものです．

　人が重い物を持って階段をのぼる時，仕事をすることになります．人が山登りをした時も，自分の体の重さを持ち上げていきますから仕事をします．この仕事の量を定量的に表す量が**仕事量**です．

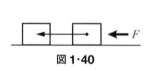

図 1·40

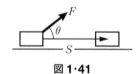

図 1·41

　仕事量の定義は，移動の方向と力の向きが一致している場合には

　　仕事量＝力の大きさ×動いた距離

であり，重い物を持ち上げるのは大きな仕事量になるし，また，軽い物でも長い距離持ち上げると，仕事量が大きくなります．図**1·40**のように，一定の力Fを物体に働かせ続け，距離Sだけ動かした時の仕事量Wは，力の方向と動く方向が一致していますから，

$$W = F \cdot S \qquad (1·94)$$

となります．もし，図**1·41**のように，動く方向が力の働く方向とは違っていて，角度θをなす場合は，動く方向には，$F \cos \theta$の力が加わることになります．仕事量Wは$F \cos \theta$の力で距離Sを動かすのだから

$$W = FS \cos \theta \qquad (1·95)$$

図 1·42

表 1·5　$\cos \theta$ の表

$\cos 0° = 1$
$\cos 45° = \dfrac{1}{\sqrt{2}} \fallingdotseq 0.7$
$\cos 90° = 0$
$\cos 135° = -\dfrac{1}{\sqrt{2}} \fallingdotseq -0.7$
$\cos 180° = -1$

となります．$\cos 90° = \cos \dfrac{\pi}{2} = 0$ ですから，図 **1·42** のように，物体に働いている力と直角方向に物体を動かしても仕事は全くしません．つまり，重い荷物を持って水平に動いても，仕事はしないのです．

　仕事量の単位は式 **(1·94)** より，N·m で，これを **J（ジュール）** と呼びます．1 N の力で 1 m 動かす時の仕事量が 1 J です．この単位もよく出てきますので覚えておいて下さい．

▌ **問題 1·36**　質量 10 kg の物を，100 N の力で水平に 1 m 動かした時にする仕事量はいくらでしょう．

▌ **問題 1·37**　体重 10 kg 重（質量 10 kg）の子供を 1 m の高さに持ち上げた時にする仕事量はいくらでしょう（質量 m の物を持ち上げるのに必要な力は mg であることに注意して下さい）．

▌ **問題 1·38**　釘を打ち込む時は仕事をしなければなりません．というのは，釘を打ち込む時，木には釘を入れまいとする抵抗力 F が働きます．この力に杭して，釘を進めなければならないからです．今，木の抵抗力を 1000 N とすると，釘を 1 cm 打ち込むのに必要な仕事量はいくらでしょう．

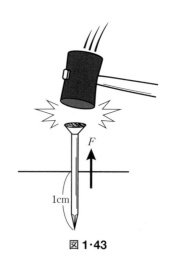

図 **1·43**

1·26 ┃ 仕事量の積分を用いた書き方

　式 **(1·95)** は，力 F がいつでも一定の時に正しい式ですが，もし位置と共に力 F が変わる場合はどう表したら良いでしょう．これは，**1·4** 節で一度やったように，その区間の中では，力 F が一定とみなせるように，全長 AB の間を小さく区切って式 **(1·95)** が使えるようにします．

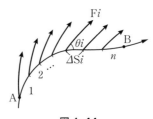

図 **1·44**

　i 番目の微小区間の長さを ΔS_i，そこで働いていた力を F_i，力と移動方向のなす角を θ_i とすると，i 番目の区間でする仕事量 W_i は式 **(1·95)** より

$$W_i = F_i \Delta S_i \cos \theta_i \tag{1·96}$$

となります．したがって，全長 AB の間でなす仕事量 W はそれらの各区間での仕事量 W_i の和であり

$$W = \sum_i W_i = \sum_i F_i \Delta S_i \cos \theta_i \qquad (1 \cdot 97)$$

となります．この式は実は，ΔS_i が小さくなっていく極限において正しい式になります．だから正しくは $\lim_{\Delta S \to 0}$ をつけねばなりません．すると，式(**1·97**)は積分の定義そのものになります．つまり

$$W = \lim_{\Delta S \to 0} \sum_i (F_i \cos \theta_i) \Delta S_i$$
$$= \int_A^B F \cos \theta \cdot dS \qquad (1 \cdot 98)$$

力の大きさ F と角度 θ は位置によって変化してもよく，式(**1·98**)は，仕事量の最も一般的な定義となります（この式は，式(**1·94**)，(**1·95**)も含んでいます）．

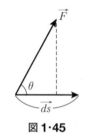

図 1·45

なお，$F \cos \theta \cdot ds$ は図 **1·45** でベクトル $\vec{F}$ の移動方向の成分の大きさ $F \cos \theta$ と，ベクトル $\vec{ds}$ の大きさ ds の積になります．これをベクトル $\vec{F}$ とベクトル $\vec{ds}$ の**内積** $\vec{F} \cdot \vec{ds}$ と定義します．すなわち，

$$\vec{F} \cdot \vec{ds} = F \cdot ds \cdot \cos \theta \qquad (1 \cdot 99)$$

ここで，θ は2つのベクトルの間の角度です．ですから，式(**1·98**)はベクトルの内積を用いて

$$W = \int_A^B \vec{F} \cdot \vec{ds} \qquad (1 \cdot 100)$$

とも書けます．

1·27 | エネルギーは蓄えられている仕事量

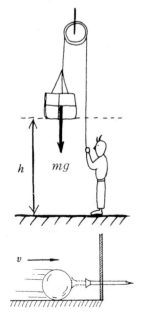

持ち上げるのに仕事をする．

エネルギーという言葉は，実にひんぱんに使われます．皆さんも耳にしたことがあるでしょう．でも，エネルギーとは一体何なのでしょう．ここで，前節で学んだ仕事と仕事量が登場してくるのです．

エネルギーとは一言で言えば<u>仕事をする能力の大きさ</u>です．たとえば，質量 m の物体をh だけ離れた点 A から点 B まで垂直に持ち上げる時には，mg の力で高さ h だけ持ち上げますから，mgh の仕事をしなければなりません．そうすると，B 点に持ち上げられた物体には，仕事が蓄えられていて，A 点に落ちると mgh の仕事をすることができます．たとえば，木の抵抗力に杭して釘を打ち込めます．このように高さ h にある質量 m の物体の持つ仕事をする能力（蓄えられている仕事量），つまりエネルギーは mgh で，これは<u>位置の変化によるエ</u><u>ネルギー</u>だから，**位置エネルギー**と呼ばれます．位置エネルギーは，

基準となる点（A 点）が変わると，高さ h が変わるので異なります．たとえば，基準となる A 点が B 点の上になると位置エネルギーは負になります．ですから基準となる原点の位置に注意して下さい．

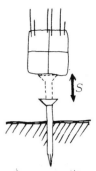

同様に，運動している物体もイラストのように釘を打ち込む等の仕事をすることができますから，エネルギーを持っています．これを，運動によるエネルギーだから**運動エネルギー**といいます（運動エネルギーについては次の節で考えますが，この定義にも仕事量が基本となります．なお，位置エネルギーと運動エネルギーは**力学エネルギー**といいます）．

高い所から落ちてきた物は仕事ができる．

もう一度繰り返しますが，エネルギーとは蓄えられている仕事量です．別の言い方をすると，その状態から引き出し得る仕事量の大きさであり，仕事をする能力の大きさです．

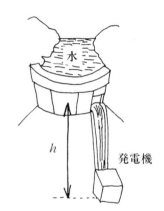

■ **問題 1・39** 質量 1000 t の水を発電機の位置より 10 m 高いダムにためた時，このダムの持っている位置エネルギーはいくらでしょう．

　　また，発電機の位置をもっと下げて，ダムとの差を 20 m にしたらダムの位置エネルギーはいくらになるでしょう（このように，位置エネルギーは原点をどの高さにとるかで変わります）．

1・28 いろいろなエネルギーとエネルギー保存則

エネルギーを持っている物は，何も高いところにある物や運動している物だけではありません．たとえば，温度の高い物はエネルギーを持っています（**熱エネルギー**）．電気もまた，モーターを回して仕事をできるのでエネルギーを持っています（**電気エネルギー**）．その他，光も音もありとあらゆる物はエネルギーを持っています．そして，それらは相互に移り変わることができるのです．例を 2 つ示しましょう．

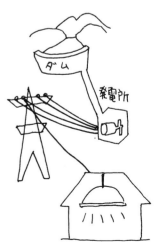

高い所から小石を落とすと，落ちるにしたがって速さが増していきます．これは，落ちるにしたがって位置エネルギーが減り，その分運動エネルギーが増加しているのです．つまり，位置エネルギーが運動エネルギーに変わっていくわけです．

次に，ダムにおける水力発電の例で考えてみましょう．高い所に水をためたダムは莫大な位置エネルギーを持っています．その水を下に落とすと水の位置エネルギーは運動エネルギーに変わります．さら

に，水の運動の勢いでモーターを回して発電し，電気エネルギーを作り出します．発電機は，力学エネルギーを電気エネルギーに変えるのです．電気は送電線で各家庭や工場，病院に送られ，いろいろなエネルギーに変わります．たとえば，照明に使われれば，**光エネルギー**に変わり，モーターを回してエレベーターを持ち上げたりしますと再び，力学エネルギーに変わることになります．エネルギーは相互に変わり得ます．これは，エネルギーの大事な本質です．

　もう1つ大事な本質「エネルギー保存則」について説明しましょう．

　エネルギーが形を変える時，その前後でエネルギーの総量は変わりません．全エネルギーの和が，急に増えたり減ったりしないのです．例で説明しましょう．小石が自然落下する場合，位置エネルギーが運動エネルギーに変わりますが，この時位置エネルギーが減った分だけ運動エネルギーは増加します．つまり，エネルギーの総量（位置エネルギーと運動エネルギーの和）は，一定なのです．

　次にダムの例を考えてみましょう．ダムの例では，蓄えられた位置エネルギーは，すべてが目的とする電気エネルギーになるのではありません．発電機でロスが20％程あるからです．発電機の羽根にあたらず，流れてしまう水もありますね．それではこの場合，エネルギーは保存しないのでしょうか．いいえ，忘れているものまで含めて考えると，ちゃんと保存するのです．羽根を回さずに流れてしまった水の部分は，運動エネルギーを持っています．ですから，「最初にあった位置エネルギー＝発電された電気エネルギー＋残りの運動エネルギー」となっているのです．こうして，すべてのエネルギーを考え合わせると，エネルギーは形を変えたとしても，その前後で必ず保存するのです．これを**エネルギー保存則**といいます．

（もちろん，これは，今考えている系の外部から，エネルギーの出入がない時の話です．もし外部から仕事をされますと，エネルギーの和はその分増加します）．

▌1·28·1　運動エネルギーの求め方

　エネルギー保存則を用いて，運動エネルギーの式を求めることができます．高さ h にある質量 m の小石は位置エネルギー mgh を持っています．これが自然落下して h だけ落ちた時，位置エネルギーが運動エネルギーに100％変わったとすると，運動エネルギーは mgh に等しいでしょう．自然落下により，高さ h を落ちた時の速さ v は問題**1·15** より $v=\sqrt{2gh}$，逆に $h=v^2/2g$ です．これを用いて

$$mgh = mg\frac{v^2}{2g} = \frac{1}{2}mv^2 \qquad (1 \cdot 101)$$

となります．

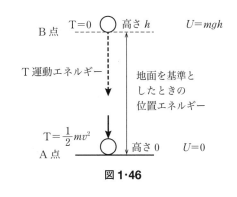

図 1·46

以上をまとめると，高さ h の B 点では速さ $v=0$ だから，運動エネルギー $T=0$，位置のエネルギー $U=mgh$ です．下の A 点では，速さ v があって $h=0$ となるため，$T=\frac{1}{2}mv^2$，$U=0$ となります．

ここで，運動エネルギー T と位置エネルギー U の和 $E=T+U$ を考えますと，A 点と B 点では等しいのがわかるでしょう．エネルギー保存則によりすべてのエネルギー（この場合，位置エネルギーと運動エネルギー）の和は，常に一定だから

$$E = T + U = \frac{1}{2}mv^2 + mgh \qquad (1 \cdot 102)$$

はどの点でも同じ値となります．

自然落下では，位置エネルギー mgh が少しずつ減って，その減った分だけ，運動エネルギー $\frac{1}{2}mv^2$ が増えていっているのです．物体の運動は運動方程式を用いれば，もちろん解けますが，力が複雑な場合や多数個の物体の運動を考える場合は，簡単ではありません．そこで，運動方程式と同等なエネルギー保存則を用いて運動を簡単に解くわけです．次の問は，その一例です．

問題 1·40 高さ 20 m の A 点に，人と乗り物を合せて質量 100 kg のジェットコースターが静止しています．今，このジェットコースターが静かに動きだし，だんだん速くなって C 点まで来た時の速さはいくらだったでしょう．また，B 点（C 点より 10 m 高い）での速さはいくらだったでしょう．ただし，摩擦はないとします．実際には摩擦のためにスピードは答より小さくなります．

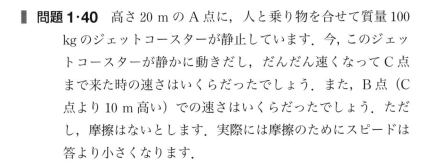

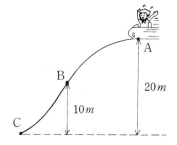

休憩室

エネルギー変換効率とは

ダムの例でわかるように使った位置エネルギーのすべてが目的とする電気エネルギーにならず，他のエネルギーになって逃げてしまうことは日常よくあります．運動する物体には，摩擦力や，空気の抵抗力等が大なり小なりいつも働きます．このため，エネルギーが熱や音や光になって逃げることが多いのです．このエネルギーの損失分を差し引いて，使ったエネルギーに対す

る，目的とするエネルギーの比をエネルギーの**変換効率**といいます．上のダムの例では，使った位置エネルギーに対して得られた電気エネルギーの割合［％］が変換の効率です．たとえば，使った位置エネルギーの半分が電気エネルギーとして得られたら，この発電機の効率は50％になります．工学では，ロスを少なくして，エネルギーの変換の効率を少しでも上げることを必死に研究しています．人間は機械ではありませんが，使った食物のエネルギーと人がした仕事量の比でエネルギーの変換効率を考えることができます（左の表を見て下さい）．

効率の色々

蒸気機関		20%
ガソリンエンジン		40%
人間	水泳	2%
	シャベル作業	3%
	はしご登り	15%
	サイクリング	20%
	丘登り	25%

● **ダムの場合の効率の式**

$$\frac{得られた電気エネルギー}{使った位置エネルギー} \times 100 = エネルギー変換効率 ［％］$$

1·29 運動エネルギーを仕事量より導く

運動エネルギーを，前節のようにエネルギー保存則を用いず仕事量の定義から求めてみましょう．

速さ v で運動している質量 m の物体の持っている運動エネルギーとは，その物体が止まるまでにする仕事量です．この仕事量は，その物体を力 F で距離 S の間押して，速さ0から速さ v までに加速して蓄えられるエネルギーに等しい事を示しましょう．この仕事量は $F \cdot S$ です．これを質量 m と速さ v で書きかえてみましょう．

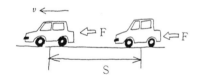

力 F により生じる加速度 a は $a = \dfrac{F}{m}$ で，これで速さが0から v になるまでの時間は $v = at$ より $t = \dfrac{v}{a} = \dfrac{mv}{F}$ です．次に加速度 a で時間 t の間に距離 S だけ進みますから，上の関係式を使って，S は

$$S = \frac{1}{2}at^2 = \frac{1}{2}\frac{F}{m}\left(\frac{mv}{F}\right)^2 = \frac{mv^2}{2F} \tag{1·103}$$

よって $FS = \dfrac{1}{2}mv^2$ となります．すなわち，速さ v で運動している質量 m の物体は，仕事量 $W = \dfrac{1}{2}mv^2$ が蓄えられており，止まるまでに $\dfrac{1}{2}mv^2$ のエネルギーを放出することができます．したがって，$\dfrac{1}{2}mv^2$ が運動エネルギーとなります．これは，前節の答えと一致しています．前節のエネルギー保存によって導出した位置エネルギーと運動エネルギーの関係は正しく，エネルギー保存則が成り立っていることを示しています．

$$\begin{aligned}
\text{運動エネルギー} &= \text{速さ } v \text{ で動いている物体が止まるまでにする} \\
&\quad \text{仕事の量} \\
&= \frac{1}{2} mv^2 \qquad\qquad (1\cdot104)
\end{aligned}$$

1·30 熱エネルギーとカロリー

　温度の高い物は熱エネルギーを持っているといいましたが，これはどうしてわかるのでしょう．ジェームス・ワットは，蒸気の吹き出しているやかんのふたがカタカタと持ち上がるのを見て，熱い蒸気の力で機関車等を動かすことを思いつきました．やかんでは，蒸気の持つ熱エネルギーが重いふたを持ち上げるための力学エネルギーに変わっているのです．では逆に，力学エネルギーを熱エネルギーに変えることはできるのでしょうか．もちろんできます．古代の人は木の板と木の棒を長い時間すり合わせて火をおこしました．これはすりこぎ棒の運動エネルギーを熱のエネルギーに変え，温度を上げて，ついには発火させるのです．

　それでは，力学エネルギーが100％熱エネルギーになる時の換算はどうなるのでしょう．熱エネルギーは，皆さんもよく聞いたことがある **cal**（**カロリー**）を単位に計ります．1カロリーは1 cc（1 ml = 1 cm^3）の水の温度を1℃上げるのに必要なエネルギーです．ですから，図**1·47**のような装置を作って，質量 m の物体を h だけ落として，その位置エネルギーで水を羽車でかきまぜ，温度が何度上がるかを計れば，力学エネルギーと熱エネルギーの換算がわかるわけです．実際，ジュールはこのような実験によって

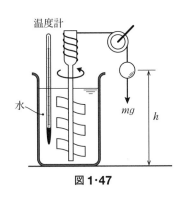

温度計

水

mg

h

図 **1·47**

$$1 \text{ cal} = 4.2 \text{ J} \qquad\qquad (1\cdot105)$$

を見い出したのです．J（ジュール）というエネルギーの単位は，この変換を見出したジュールから名付けられたものです．

問題 1・41 体重 50 kg 重の人が，高さ 1200 m の英彦山に 0 m の所から登りました．この時，自分の体を持ち上げるのに要した位置エネルギーはいくらでしょう．これを，cal でいうといくらになるでしょう．

1・31 食物エネルギーと人間の活動

　この節では，少し変わったことを考えてみましょう．人間は動き回るたびに，エネルギーを消費します．そのエネルギーは食べ物によって補給されます．表1・6に食物の単位質量（1 g）当たりに含まれているエネルギーを示します．これをもとに，食物が持つエネルギーを計算できます．

<table>
<tr><td colspan="2">表 1・6</td></tr>
</table>

表 1・6	[kcal/g]
炭水化物	4.1
タンパク質	4.2
脂肪	9.3
エタノール	7.1
糖（グルコース）	3.8

表 1・7	[kcal/g]
木（松）	4.5
石炭	8.0
ガソリン	11.4

問題 1・42 あるビスケットは，1箱（87 g）当たりにタンパク質 5 g，脂肪 9 g，糖 68 g，その他 5 g を含んでいます．このビスケット 1 箱の持つエネルギーの総量はいくらですか．「その他」は無視します．

問題 1・43 前節の問題で英彦山に登った人のエネルギーが，すべて脂肪だけを消費して作られたとしたら，何 g の脂肪が減るでしょう．ただし脂肪を消費して作られるエネルギーのうち，20% が実際に山登りに使われたとします（効率が 20% ということ）．

　人間は何もしないでじっと寝ている時でさえ，エネルギーを消費しています．これを基礎代謝といいますが，基礎代謝量は，20才代標準体重の男性で 1 日に約 1500 kcal，女性で約 1200 kcal です．

▌**問題 1·44** 基礎代謝量の分のエネルギーを得るためには，ごはん（白米）だけ食べて補うとしたならば何 g 食べないといけないでしょうか．

　ごはんのほとんど（93%）は炭水化物ですが，わずかにタンパク質や脂質を含んでいます．これを合せて 1 g 当たり 1.68 kcal のエネルギーを出すとします．

　基礎代謝に加えて，人間がいろいろな活動をすると，さらにエネルギーを使います．エネルギーの使い方の活動による違いが，表 **1·8** にまとめてあります．この値はおよその値で，本当は幅があります．これによって，活動に使われるエネルギーが計算できます．

表 1·8
体重 1 kg 当たり，1 秒間に使うエネルギー量 [J/s·kg]

睡眠	1.1
歩行	4.3
自転車乗り	7.6
水泳	11.0
ランニング（7 分 /1 km ペース）	10.0

▌**問題 1·45** 体重 50 kg 重の人がランニングをします．この時，脂肪だけが使われるとして，脂肪 100 g を減らすには，どれくらいの時間続けなければならないでしょうか．ただし，脂肪 1 g は 9.3 kcal のエネルギーを出せるとし，1 秒間のランニングには体重 1 kg 当たり 10 J を必要とするとします．1 cal = 4.2 J の関係を使います．

　おなかのまわりが気になる人はこの計算を参考にして，何かスポーツを始めましょう．

VII

つり合いと変形

■ 1·32 ┃ てことボディーメカニクス

　この節では，皆さんの将来に役に立つことをお話ししましょう．皆さんは物を持ったり子供を抱えたりする時，どんな姿勢をしますか．たとえば図 **1·48** のように抱えたら，背骨にどれくらい負担（力）がかかるか知っていますか．これは，**てこの原理**を利用すれば，計算できるのです．まず，てこについて考えましょう．図 **1·49** のように，支点 A から長さ l_1 の所に力 f_1 を加え，長さ l_2 の所に力 f_2 を加えた時，この 2 力がちょうどつり合って，てこが動かない（回転しない）場合は，

　　　　右側の(腕の長さ × 力) ＝ 左側の(腕の長さ × 力)

　つまり，

$$l_1 f_1 = l_2 f_2 \tag{1·106}$$

図 **1·48**

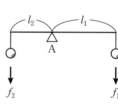

図 **1·49**

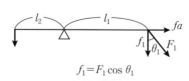

$$f_1 = F_1 \cos \theta_1$$

図 **1·50**

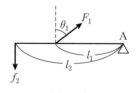

図 **1·51**

が成り立っています．この（力×腕の長さ）はてこを支点のまわりに回転させようとする大きさを表し，これを N で表し**モーメント**（あるいは**トルク**）と呼びます．すると式(**1·106**)は，右まわりに回転させようとするモーメント N_1 と，左まわりに回転させようとするモーメント N_2 が等しいことを表していると言ってもいいのです．

もし，力がてこに垂直でなく，角度 θ_1 をなしている時は，力を2つの部分に分解して，回転させようとする力 f_1 を取り出せば良いのです．（f_a の方は，てこを回転させるのではなく，てこを引っぱる力になります）$f_1 = F_1 \cos \theta_1$ だから，式(**1·106**)は

$$l_1 F_1 \cos \theta_1 = l_2 f_2 \tag{1·107}$$

となります．

さて，背骨にかかる力の問題を解くには，図 **1·51** の場合を考えねばなりません．これは，支点 A が右の端にありますが，やはり，前と同じで右に回そうとするモーメントと，左まわりのモーメントが等しい時がつり合っている時です．

F_1 による右まわりのモーメント N_1 は

$$N_1 = F_1 l_1 \cos \theta_1$$

f_2 による左まわりのモーメント N_2 は

$$N_2 = l_2 f_2$$

よって，$N_1 = N_2$ より

$$l_1 F_1 \cos \theta_1 = l_2 f_2 \tag{1·108}$$

となります．

▌**問題 1·46** 質量 20 kg の物を図 **1·48** のように持つ時の体の力学（**ボディーメカニクス**）を，図 **1·52** のように単純化して考えることにします．この場合，支点は仙骨で，仙骨から 35 cmのところについている背筋が角度 12° で背骨を引き上げると

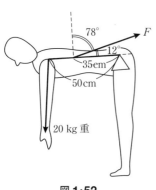

図 1·52

図 1·53

します．支点から 50 cm 離れた所で，質量 20 kg の物を持った時，それを持ち上げる時に要する力 F はいくらでしょうか．ただし，

$$\cos 78° = \sin 12° = \sin\left(\frac{12}{180}\pi\right) \sim \frac{12}{180}\pi = \frac{\pi}{15} \sim 0.2$$

とします．

　本当は，これに自分の上体の重み（約 45 kg）が加わり，仙骨や椎間板には，さらに大きな力がかかります．この力は，350 kg 重にも達します．こんなに大きな力が仙骨にかかると非常に危険で，へたをするとギックリ腰で腰痛になります．それを避けるには，図 **1·53** のように膝を曲げて，抱きかかえるようにしなくてはなりません．このようにすれば，上体の重み＋子供の重さで 65 kg 重の負担ですみます．皆さんも将来仕事柄，重い物や子供を抱えることが多いと思いますので，ボディーメカニクスを考え，腰痛にならないよう注意して下さい．

休憩室

やじろべえは倒れない

　力のモーメントは，てこだけでなく，物体が安定しているかどうかを決める時にも使われます．たとえばやじろべえです．やじろべえは，おもりを極端に低くして，重心 G が支点 A の下になるように作られています．やじろべえを斜めに倒しても，やじろべえはすぐに起き上がります．これは，やじろべえを角度 θ だけ傾けた時，元に戻そうとする力のモーメントが発生するからです．その大きさは，A 点を中心として，

　　回転させようとする力のモーメント N

　＝重力 mg の腕に垂直な成分×腕の長さ

　＝$mg\sin\theta \times l$

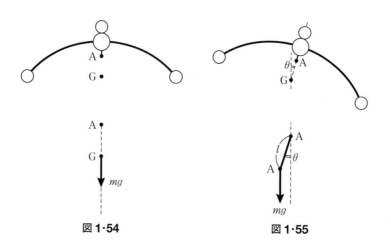

図 **1·54**　　　　　　　　図 **1·55**

です．まっすぐ立っている時，$\theta = 0$で力のモーメントは0ですが，やじろべえは倒れれば倒れるほどθが大きくなり，元に戻そうとする力のモーメントが大きくなります．やじろべえは，非常に安定しているわけです．

　もっと複雑な物の安定性も，それにかかる力を注意深く調べ上げ，力のモーメントの和を計算します．そして，もし力のモーメントが0ならば，それは回転せず安定です．しかし，もし0でなければ，それは回転をし，倒れてしまいます．

1·33 ヤング率と骨

　この節では，割に固いものが変形することを取り上げ，その応用例として，骨の**変形**と**骨折**について考えてみましょう．まず，ゴムなどのバネを考えてみましょう．バネは自然の長さlからxだけ伸ばすと，元にもどろうとする力（復元力）が働きます．その大きさFは**フックの法則**により，

$$F = -kx \qquad (1·109)$$

　つまり，復元力は伸びに比例するわけです．ここで，kは**バネ定数**（単位はN/m）で，－（マイナス）の符号は伸びの向きと力の向きが反対であることを表しています．ゴムは，ある程度の伸びの範囲では，確かに式(**1·109**)のように伸びに比例して復元力が働きますが，図の**弾性限界**よりももっと伸ばすと，急に復元力が弱くなり，さらに伸ばしていくとついには切れてしまいます．このようにその点を越えるとゴム（バネ）が破壊されてしまう点（図**1·56**のD点）を**破壊点**といいます．図**1·56**のような力とひずみの関係は曲げのような変形に対しても成立します．破壊点は物の性質が固いか柔らかいかによって違います．また，同じ性質のものでも形によって異なります．たとえば同じ重さの材料を使うのなら，円柱より中空の円筒の形の方が曲げる変形に対して強いのです．同じ理由でハチの巣のようなダンボール紙で作った箱は，曲げに対して強くなかなか伸び縮みせず，壊れません．

　破壊点はいつも同じとは限りません．たとえば，クリップを何度も前後に動かしていると，破壊点が小さくなっていき，ついには簡単に折れてしまいます．これを**金属疲労**といいますが，飛行機の設計や骨をつなぐピンの開発等の時には，十分考慮しておかねばなら

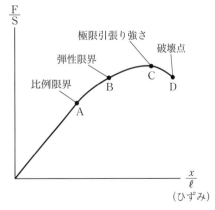

図 1·56

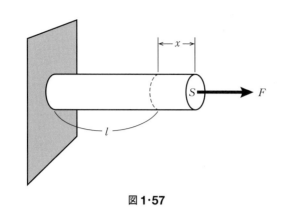

図1·57

表1·9

E：ヤング率 $[N/m^2]$	
アルミニウム	7×10^{10}
鋼鉄	20×10^{10}
ガラス	7×10^{10}
骨	10^{10}
堅い木	10^{10}
血管	2×10^5
ゴム	10^6

ないことです.

　さて, 比例限界内の微小な伸びや縮みや曲げ（微小な変位といいます）に対して, バネだけではなく, 木でも鉄の棒でも, 人間の皮膚や骨や筋のようなものでさえ, 式(**1·109**)のような**復元力**(**弾性力**ともいう)が働きます. 違うのは, **比例限界**の大きさなのです. ですから, この比例限界の範囲内なら, 骨のような太さのある物でも, 変位に比例して復元力が働きます. 骨を簡略化して, 図**1·57**のように円柱状だと考えましょう. 円柱の断面積を S とし, 自然の長さを l とします. 今, その左端を壁にくっつけ, 右端を力 F で引くと x だけ伸びたとしましょう. これがバネなら, $F = -kx$ ということになりますが, 断面積 S や長さ l がいろいろと違うものを考える時には, この表し方は少し不便なのです. 骨には, 太さや長さがいろいろなものがあります. 同じ力 F を加えても, 太い骨は余り伸びないし, 細い骨は伸びやすいので, k が骨ごとに違ってしまいます. k を骨ごとに違わないような適当な定数に書換えるために, 力 F の代わりに, 力 F を断面積 S で割った**圧力**（**応力**ともいう）$p = \dfrac{F}{S}$ を用い, 伸び x の代わりに, **伸び率**（**ひずみ**ともいう）$\dfrac{x}{l}$ を用います. すると, $F = -kx$ の両辺を S で割って,

$$\frac{F}{S} = -\frac{kx}{S} = -\frac{kl}{S}\frac{x}{l} \equiv -E\frac{x}{l} \tag{1·110}$$

となり, 圧力は伸び率に比例するという式が出てきます. この比例定数 $\dfrac{kl}{S}$ を E とおいて, **ヤング率**といいます. このヤング率は, もはや, 長さや面積によらず, 物によってほぼ一定です. 骨なら, $1 \times 10^{10} \ N/m^2$ で堅い木と同じくらい, 鋼鉄なら骨の 20 倍, レンガは骨の 2 倍くらいです.

　また, 血管は骨よりずっと伸び易く, ヤング率は, $2 \times 10^5 \ N/m^2$ でゴムと同じくらいです.

問題1·47　断面積 $1 \ cm^2$ で長さ $20 \ cm$ の一様な骨があるとします. この骨の両端を $5000 \ N$（= 約 $500 \ kg$ 重）の力で引っぱると, 骨はどれくらい伸びるでしょう.

▌ 1・33・1 弾性体のエネルギー

バネや骨などの**弾性体**を引き伸ばすには，力が必要です．力を加えて，その方向に動かす時，仕事をします．なされた仕事は，弾性体の変形のエネルギーとして蓄えられます．その大きさを求めてみましょう．

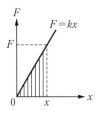

力 F が伸び x と共に変化し，比例限界内なら $F = kx$ と変化するので，v–t 図から時間 t を区分して距離を出したように，F–x 図で x を区分します．そして仕事量 $\Delta w_i = F\Delta x_i$ を各区間について足しますと，全仕事量 W は図 1・58 の三角の面積になり，$W = \dfrac{1}{2}F{\cdot}x = \dfrac{1}{2}kx^2$ が得られます．これが弾性体に蓄えられるエネルギーです．これは，位置 x の変化によってエネルギーが変わるので，位置エネルギーの一種です．ただ，力が重力ではなく，弾性力というわけです．

図 1・58

第2章
熱の世界

2·1 温度と温度計

　私達は，風邪をひいた時に「熱がある」などと言います．こんな時，皆さんは**体温計**を使って体の温度を計りますね．この**温度**は，どうして決めているのでしょう．**セ氏（摂氏）**温度は，水が凍る温度を0℃，沸騰する温度を100℃として，その間を100等分して1℃を決めています．セ氏温度とは別の決め方をしているものに**絶対温度**があります．その単位は**K（ケルビン）**で，物理では温度を示すのに使われます．

　絶対温度を決めるには，気体の**ボイル・シャルルの法則**を用います．気体をピストンに入れた時の気体の体積Vとその温度Tと外からの圧力Pの間には

$$PV = nRT \quad (n は気体のモル数，R は気体定数) \qquad (2·1)$$

の関係があります．

　圧力Pを一定にしておくと，体積Vは温度Tに比例します．だから，気体の体積Vを測って，温度を決めることができます．式(2·1)によると，$T=0$になると，体積Vが0になります．この温度を絶対0度といいます．**絶対零度（0 K）**はセ氏-273℃です（0 K近辺の極低温では，物の性質は大変に変わってきます．たとえば，**超伝導**や**超流動**等の不思議なことが起こります．超伝導については後で述べます）．

　また，絶対温度では0℃は273 K，100℃は373 Kとなります．すなわち，絶対温度とセ氏温度の目盛りは0度の点がずれているだけで1度の間隔は同じです．アメリカやイギリスでは，**カ氏（華氏）**温度目盛り（℉）が使われています．体温が100度といわれても驚いてはいけません．℃と℉の関係は

$$C = \frac{5}{9}(F - 32) \qquad (2·2)$$

です．

■ 問題 2·1 カ氏100度はセ氏では何度でしょうか．

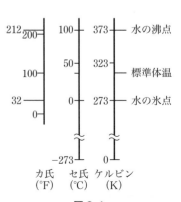

図2·1

2·2 熱量とは熱エネルギーの総量

物の温度を上げるには，熱（エネルギー）を
与えねばなりません．水1gを1°C上げるの
に1calが必要ですが，他の物質ではどうなっ
ているのでしょうか．表**2·1**のように，鉄な
ら0.11calだし，金なら0.03calです．同じ1
gを1°C上げるのに必要なエネルギーは，物質
によってかなりまちまちです．このエネルギー
量を**比熱**といいます．単位は，1°Cの間隔は1
Kの間隔と同じだから，Kを使うとcal/g·K
となります．

表**2·1**	
比熱	cal/g·K
水	1.00
水	0.49
アルミ	0.21
鉄	0.11
金	0.03
石	約0.2
木	約0.3

比熱が c の物 m〔g〕を1°C上げるのに必要なエネルギーは，mc
calでこれを**熱容量**といいます．同じ質量をとると，水は熱容量が非
常に大きく，鉄やアルミは熱容量が小さいことになります．

▌ **問題2·2** 水10gと鉄10gの熱容量はいくらですか．水の比熱は
1 cal/g·K，鉄の比熱は0.11 cal/g·Kです．

熱容量の大きなものほど，1°C上げるのに大きな熱量がいることに
なりますし，熱容量の大きなものほど，大きな熱量をためておけるこ
とになります．

比熱 c で質量 m〔g〕の物の温度を，t°Cだけ上げるのに必要な熱
エネルギー Q は

$$Q = mct \tag{2·3}$$

です．

▌ **問題2·3** 0°Cの水10gと鉄10gに，それぞれ200 calの熱量を
与えました．温度は何度上がるでしょう．ただし，水の比熱を
1 cal/g·k，鉄の比熱を0.1 cal/g·kとします．

問題**2·3**の答えから，熱容量の大きいものほど温まりにくいし冷め
にくいことがわかるでしょう．水の比熱が非常に大きいことは人間に
とって幸運なことなのです．水はありふれた物質で地球上のいたると
ころにあり，生物は水から生まれ，また水で造られています．事実，
人間の体の6割は水（H_2O）です．水は熱容量が大きく，温まりにく

く冷めにくいため外界の温度が変化しても，体の中の水の温度は急激には変化しないので，体温を一定に保ちやすいのです．

2·3 物質の三態を微視的に見る

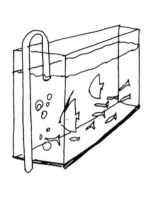

　熱とは何か，温度とは何かをよりよく理解するために，微視的な視点からまず，物質の**形態**とは何かを見てみましょう．

　物質には，**固体**，**液体**，**気体**の3つの形態があります．固体は，普通は固くて重いです．液体は柔らかくて流れます．気体は非常に軽くてふわふわしています．これらの特徴は，一体どのように理解できるでしょうか．物質を原子（あるいは分子）のレベルで見ると，その答えがあります．固体の中の原子は，互いの引力で束縛し合っています．この引力は，電気の力（クーロン力）によるもので，この引力によって原子は密に規則的に配列させられます．原子は，その配列のどこかに定位置を持っているわけです．

　ところが，液体の中では原子間の引力が固体ほど強くなく，割にゆるく引き合っているため，原子には定位置がありません．原子は容易に移動ができるわけです．このように，定位置を持たない液体の原子は流れることができますが，強い引力で束縛されている固体中の原子は，容易に移動できず，流れることができないのです．

　さて，気体は，固体や液体に比べると大変に希薄で，単位体積中の原子数を比べたら非常に少ないので軽いのです．また，希薄なために，原子間の引力がほとんどなく，原子は自由に飛び回れます．ガスがすぐに**拡散**（1カ所から広がっていくこと）するのも，この自由な飛行のためです．

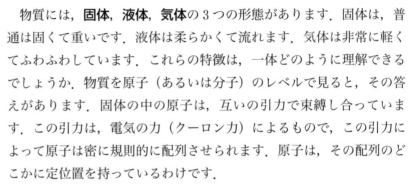

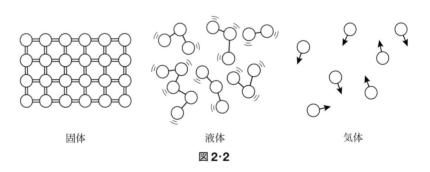

固体　　　　　　　　　　　液体　　　　　　　　　　気体

図2·2

2·4 熱と温度を微視的に見る

　この節では，熱エネルギーをミクロ（微視的）に見ると，実は運動エネルギーそのものであることをお話ししましょう．

　皆さんは，やかんを火にかけて，お湯を沸かすでしょう．このことを微視的に見れば，どんなことが起こっているのでしょう．鉄のやかんを火にかけると，鉄のやかんの中で並んでいる鉄の原子が，その定位置を中心に微小な振動を始めます．温動を上げると，その振動は段々激しくなります．この振動が，実は温度の正体なのです．すなわち，温度が高いほど振動が激しいのです．この振動は次々に伝わり，やかんの底から上方へ伝わっていきます．これが**熱伝導**です．この結果，水の分子（H_2O）も振動を始めます．さらに，熱を加えると振動はますます激しくなり，温度が上がります．そして水温が100℃に達すると水の表面の分子は，激しい運動のため分子間の引力を振り切って，ついに，上方へ勢いよく飛び出していきます．これが水の蒸気なのです（分子間の引力を振り切るために必要なエネルギーが**気化熱**です）．やかんのような固体でも，水のような液体でも，水蒸気のような気体でも，温度を上げると，それぞれを構成している分子（または原子）がより激しく運動するのです．

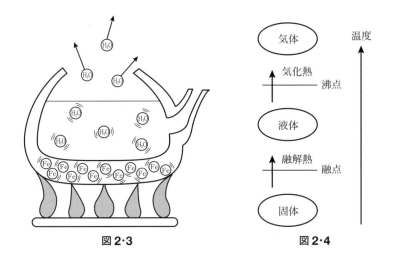

図2·3　　　　　　　　　図2·4

　その運動の激しさが温度であり，熱エネルギーは微視的に見ると，分子達の運動エネルギーなのです．このことから，温度 t を気体の分子の運動の速さ v で表すことができます．巨視的（マクロ）に見ると，質量 M 比熱 c の物を絶対 0 K（-273℃）から温度 t K だけ上げた時のその物体に蓄えられる熱エネルギー Q は

$$Q = Mct \tag{2・4}$$

です．これをミクロに見ると，熱エネルギーは気体の分子の運動エネルギーに等しいので，分子の質量を m，分子の数を N，分子の運動の平均の速さを v とすれば，全分子の運動エネルギー E は

$$E = \frac{1}{2} Nmv^2 \tag{2・5}$$

Q と E は等しいわけですから

$$Mct = \frac{1}{2} Nmv^2$$

$M = Nm$ だから，

$$t = \frac{v^2}{2c} \tag{2・6}$$

となります．すなわち，温度は分子の速さの2乗，つまり分子の運動エネルギーに比例することがわかります．微視的に考えると簡単にわかることもあるのです．

▎ 2・4・1 熱膨張

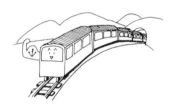

気体の場合，温度を上げると速さ v が大きくなりますので，気体の体積が式（**2・1**）のように急激に膨張しようとします．固体の場合は，互いに引力で束縛しているので，気体のように自由に膨張はできません．それでも温度を上げると，原子の振動が激しくなって，わずかに膨張します．列車のレールに隙間がとってあるのはこのためで，夏の熱い日にレールが**熱膨張**しても安全なように考えてあるのです．

休憩室

鉄も流れる

　固体の温度をどんどん上げていくとどうなるでしょう．固体の中の原子の振動が激しくなって，定位置にいることができなくなり，原子の規則的配列が壊れてしまいます．定位置を失った原子はもはや固体ではなく，流れに身をまかせる流体になってしまいます．あの固い鉄も，1538℃で溶けてどろどろの液体になってしまいます．さらに温度を上げると，2862℃で今度は**沸騰**し，蒸発が起こり気体になります．このように，**固相，液相，気相**と相を変わることを**相転移**といいます．さらに温度を上げて数万度にすると，今度は気体の原子の激しい運動のため，原子どうしの衝突のときに原子自身が壊れ始めます．原子核から外側の電子がすべてはぎ取られ，もはや原子ではなくなります．もっと温度を上げていくと，原子核どうしの激しい衝突によって，ついに原子核自身が壊れ，核子の集団まで分解されてしまいます．太陽の中心部は，数千万度でこのような状態であると考えられます．

　このように，温度を上げていくと，物質は次々と束縛を断ち切り，バラバラになっていき，それまで持っていた形（秩序）を失い，**一様化**されていきます．

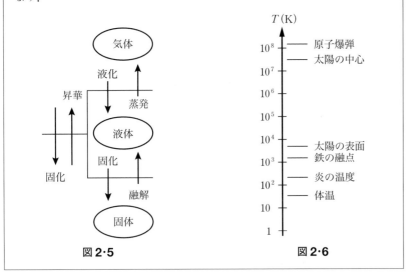

図2・5　　　　　　　　図2・6

2・5 ｜ 熱は温度の高い方から低い方へ流れる

　温度の高い物は熱を持っています．熱は，温度の高い物から低い物に流れていきます．熱の伝わり方には，**伝導・対流・放射**（輻射ともいう）の3通りがあります．

　伝導は，直接に接触している高温の物から低温の物へ，熱が伝わることをいいます．これは，すでに説明しましたように，ミクロに見ると，分子運動の激しい側（高温側）が分子運動の遅い側の分子を，次次に振動させることによって起こります．

　対流は，水や空気のような流体が高温の物と低温の物の間にある時に起こります．水をナベに入れ下から温めると，下側で温められた水は，気体と同様に体積が少し大きくなり，密度が小さくなるために軽くなり，上へ昇っていきます．そして，上側の低温の空気や水に熱を奪われ，また元の密度にもどり下へ降りてきます．こうして，水は対流によって高温側から低温側へ熱を運びます．対流はいろいろなところで見られます．台風が南からやってきて北上するのも，赤道付近の熱を北極の方へ運ぶ大きな対流です．

　放射は，高温の物から光が出て，熱エネルギーが光のエネルギーになって運ばれることをいいます．ガスの炎が赤や青に色づいて見えるのは，光を出しているからです．ガスバーナーの炎は青白く見

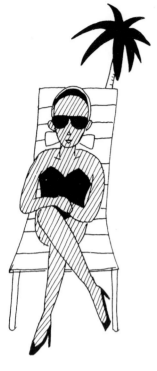

えます。赤い光より青い光の方が，温度が高いのです。炎のように燃えている物以外でも，目には見えませんが光を出しています。温度が t [K] の時に出す光の波長は，温度が高いほど短くなり，実験によると，およそ 0.3 cm を t で割った大きさになります。たとえば，太陽の表面は 5600 K ですから，0.3 cm ÷ 5600 = 550 × 10^{-9} m = 550 nm（ナノ・メートル）ぐらいの波長の光を出しています。この太陽の光は，地上に多量にふりそそぐため，地上の多くの生物の眼は，太陽の光を見ることができるように発達してきました。ですから，可視光は 550 nm 付近にあります。

　人間の体温は約 37℃ ≒ 310 K ですから，人の体の表面から出る光は，0.3 cm ÷ 310 = 9700 nm くらいになり，この波長は長すぎて目では見えませんが，人間の顔，手，体からも，赤よりももっと波長の長い光の**赤外線**が出ています。この赤外線の波長は，温度が高いと短くなり，温度が低いと長くなります。だから，出てくる赤外線の波長を調べれば，赤外線を出している点の温度を知ることができます。これが，**サーモグラフィー**の原理です。

　熱の伝わり方の 3 つを知っていると，**保温**の仕方がわかります。魔法瓶やポットはその応用例です。これらは，二重構造になっており，内側と外側が直接接しないようにしてあり，まず熱伝導を断ち切ります。さらに，真ん中が真空にしてあり，対流を防ぎます。また，内側が鏡のようになっていて，光の放射を反射によって逃がさないようにしてあります。

真空

保温

ガラス鏡

昔の魔法瓶は，内側にガラスの鏡が張ってあって太くて重かった。今のものは，内側も外側もステンレス製で細くて軽くなっている。

第3章
流体の世界

3·1 流体と浮力

物質の形態には，固体，液体，気体の3通りがあります．今まで
は，主に固体を考えてきましたが，今度は主に**液体**，あるいは**気体**の
ような，形がなく連続的な流れを作るものを考えましょう．これを**流
体**といいます．たとえば，水や血液や空気等です．流体について学ぶ
ことは，血流や血圧を理解する上で大変重要です．流体は流れて動く
ことが特徴なのですが，運動を考える前に，まず，じっと止まった流
体を考えましょう．

深く潜った分だけ
水の圧力(重み)で
苦しくなるんだよ。

1気圧

10 m (1 気圧)
合計 2 気圧

図3·1

表3·1

	密度 [g/cm³]		
水	1.0	銅	8.9
氷	0.92	銀	10.5
アルミ	2.7	金	19.3
鉄	7.9	プラチナ	21.4
水銀	13.6	オスミウム	22.5

まず，海に潜る話からしましょう．皆さんは，深く潜れば潜るほ
ど，大きな力（圧力）を受けることを知っているでしょう．圧力の元
は一体何でしょうか．それは，その深さから上の水の重さなのです．
ですから，深く潜るほど，大きくなるわけです．深さ d の所にある
面積 S の面にかかる力を考えましょう．その面より上の液体の体積
V は Sd で，密度を ρ（ロー）とすると，面の上の液体の重さ W は

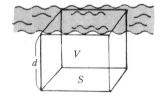

$$W = V\rho \cdot g = Sd\rho g \tag{3·1}$$

となります．

ここで密度とは液体のある部分の質量 M をその部分の体積 V で
割ったもの，$\rho = \dfrac{M}{V}$ で水では $1\ \mathrm{g/cm^3}$ です．

通常は，式(**3·1**)の力（重さ）W を面積 S で割って，単位面積当た
りの力で表します．これを**圧力**と呼びます．式(**3·1**)より，深さ d で
の圧力 p は

$$p = \frac{W}{S} = d\rho g \tag{3·2}$$

圧力は，深さ d で決まり，深くなると大きくなります．面白いこ

とに，一点にかかる圧力は，深さだけで決まり，上下左右のどの方向からも皆同じ大きさです．これは，水がつりあって動かないための条件なのです．少しでも圧力が弱い方向があると，水はそちらへ流れて動くからです．

次に，**浮力**の話です．皆さんは，風呂に入って体を沈めれば沈めるほど，体が軽くなるのを知っているでしょう．これは，体が水から浮力を受けるからなのです．重い鉄の船が浮いていられるのも，浮力のおかげです．では，浮力はどのように表せるのかを考えてみましょう．今，簡単のため，図**3・2**のような面積 S，高さ h の重い物体が液体の中に沈められているとします．この時の浮力 F は，底面が下方から受ける力 f_1 と上の面が上方から受ける力 f_2 との差になり

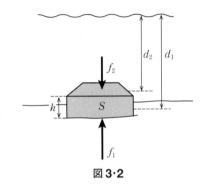

図**3・2**

$$F = f_1 - f_2 \qquad (3\cdot3)$$

（側面から受ける力は右と左で全く等しく浮力にはなりません）

ところで f_1 や f_2 はいくらになるでしょう．f_1, f_2 は，その面にかかる圧力×面積ですから，下面に加わる圧力を p_1，上面に加わる圧力を p_2 としますと下面の力

$$下面の力 \quad f_1 = p_1 S$$
$$上面の力 \quad f_2 = p_2 S$$

圧力は深さだけで決まり，式(**3・2**)より

$$p_1 = d_1 \rho g, \ p_2 = d_2 \rho g$$

ですから

$$f_1 = d_1 \rho g S, \ f_2 = d_2 \rho g S$$

となります．これを式(**3・3**)に入れて，

$$F = (d_1 - d_2) \rho g S = h \rho g S \qquad (3\cdot4)$$

hS は，物体の体積 V ですから

$$F = V \rho g \qquad (3\cdot5)$$

これを言葉で言うと，V は物体がおしのけた液体の体積ですから，$V\rho g$ は，物体がおしのけた液体の重さになります．ですから，

⚛ **アルキメデスの原理** 体積 V の物体を液体の中に入れた時，上向きに受ける浮力 F は物体がおしのけた液体の重さ $V\rho g$ に等しい．

アルキメデスが紀元前200年も前に発見した原理が出てきます．これを用いると，たとえば，寝たきり老人をかかえて風呂に入れてあげた時，重さがいくらになるかを計算できます．

▌ **問題3・1**　体重50 kg重の人を風呂に入れてあげるとします．この人が水の中に肩までつかっている時の重さはいくらでしょう．肩から下の体積を35 l（1 l は1000 cc）とします（1 cc = 1 cm^3 です）

▌ **問題3・2**　鉄は水の約8倍重く（比重7.9），鉄のかたまりはすぐ水に沈むのに，どうして鉄でできた船は沈まないのでしょう．

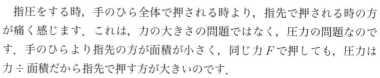

休憩室

圧力と注射器

　指圧をする時，手のひら全体で押される時より，指先で押される時の方が痛く感じます．これは，力の大きさの問題ではなく，圧力の問題なのです．手のひらより指先の方が面積が小さく，同じ力Fで押しても，圧力は力÷面積だから指先で押す方が大きいのです．

　同じ理由で，注射器の針の先は鋭くとがっています．こうすると，面積が非常に小さくなり，小さな力で押しても針先は非常に大きな圧力になりますから，皮膚を破って中にいれるわけです．面積の大きなとがっていない針では，大きな力が必要となってしまい困ります．刃物の先が鋭いとよく切れるのも同じ理由です．椅子や布団も，固すぎると人の体と接触する面積が小さくなり，そのため接

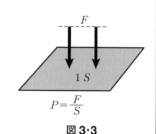

$$P = \frac{F}{S}$$

図3・3

触している部分の圧力が大きくなってしまいます．その結果，圧迫されている部分の血行が悪くなります．寝たきり老人は，**床ずれ**を起こしやすいので，ベットの固さには注意が必要です．

例えば同じ大きさの力をある面に加えても，加えられた面積が違うと，比べにくいでしょ．だから，面積で割って単位面積あたりの力を出すの．これが圧力なの．

3·2 流体もいろいろな性質を持っている

定まった形を持たず，自由に流れる物体を**流体**といいます．液体はもちろん気体も流体です．流体は ① **圧縮性**か**非圧縮性**か，② **粘性**があるかないかで分類されます．非圧縮性の流体とは，大きな圧力がかかっても，体積が小さくなったりせず変わらない流体です．水や血液等の多くの液体は非圧縮性と考えて良いでしょう．これに対し，空気等の気体は圧縮性です．次に，粘性がない液体とは，粘りがなく非常にさらさらと流れるものです．水や血液や油は，割と大きな粘性を持っています．水や血液は，水滴になったり**表面張力**で盛り上がったりします．これらには強い**分子間力**があり，これが粘性を作り出します．空気は気体ですから，液体よりは分子間力が弱く粘性は小さいのですが，やはり粘性を持っています．

さて，水や血液のような粘性のある液体の運動について考えてみましょう．

今，一様な管の中を液体が流れているとしましょう．きれいな流れ方を**層流**といい，渦や乱れのある流れ方を，**乱流**といいます．流れに従って引いた線を**流線**といいますが，流線が交わらないで，層状になっているのを層流というわけです．大きな川のゆっくりした

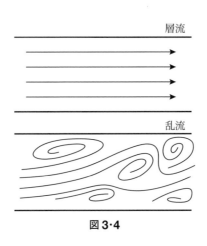

層流

乱流

図3·4

流れの流線は平行で層流ですが，小さい川では流れが速くなり，所々に渦があったりして乱流になっている所があります．血流も同様で大きな血管の中では層流ですが，小さな血管や動脈瘤のある所等では乱流が起こります．流れが層流になるか乱流になるかは，流れの速さ v，粘性係数 μ（ミュー）に依存します．その条件は**レイノルズ数** $R_e = \dfrac{2r\rho v}{\mu}$ が 2000 より小さいと流れは層流に，2000 より大きいと乱流が発生しやすい事が実験によってわかっています．

$R_e = 2r\rho v/\mu$ で r は管の半径，ρ は流体の密度，v は流れの平均の速さ，μ は粘性係数です．普通 μ の単位は poise（ボアズ）= g/cm·s に取ります．レイノルズ数は単位のない（無次元の）定数になります．

3·3 連続の式で注射をしよう

　流体が流れている時，その流れの速さ（**流速**）や流れる量（**流量**）はどのような関係になっているでしょう．前節で述べた流体の性質の違いによって，いろいろな関係式があります．以下に，この本で説明する3つの式を整理しておきましょう．

　非圧縮性の流体で流れが定常的で層流である場合は，連続の式が成り立ちます．そして，粘性が無視できるほど小さい時は，ベルヌーイの定理の式が連続の式と共に成り立ちます．粘性が無視できない時は，ハーゲン・ポアズイユの式が連続の式と共に成り立ちます．流れが乱流の時は，流れの速度が流体の各点で違っているので，取り扱いが多少複雑になり，コンピュータシュミレーションで，流体の基本方程式「ナビエ・ストークス方程式」を解く事になります．

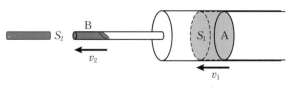

図3·5

　この節では，まず**連続の式**を考えましょう．これを使うと，**注射器**から飛び出す薬液の速さを知ることができます（図3·5参照）．今，注射器の内筒を押すと薬液は飛び出してきますが，流体は連続ですから，押された質量（Aの部分）は飛び出した質量（Bの部分）に等しいのです．これを式で書きます．注射器の太い方の面積を S_1，先の細い方の面積を S_2 とします．注射器の内筒を時間 t の間，速さ v_1 で押し続けたとしましょう．すると，注射器の内筒は時間 t の間に $v_1 t$ だけ進むから，Aの部分の体積 V_1 は，$V_1 = S_1 v_1 t$ となりますから，その質量 M_1 は密度 ρ_1 をかけて，$M_1 = V_1 \rho_1 = \rho_1 S_1 v_1 t$ となります．一方，Bの部分については，先の細い部分から飛び出す薬液の速さを v_2（これは求めたい量）としますと，体積が $S_2 v_2 t$ で，質量 M_2 は $\rho_2 S_2 v_2 t$ となります．AとBの部分の質量が等しい（$M_1 = M_2$）から

$$\rho_1 S_1 v_1 t = \rho_2 S_2 v_2 t \tag{3·6}$$

となります．この両辺を時間 t で割って

$$\rho_1 S_1 v_1 = \rho_2 S_2 v_2 \tag{3·7}$$

という連続の式が得られます．液体のような非圧縮性の流体の時は，

$\rho_1 = \rho_2$ ですから $S_1 v_1 = S_2 v_2$ となります.

■ 問題 3·3 ある注射器で内側の半径を測ったら,管が 1 cm,針が 0.04 cm だったとしましょう.この注射器の内筒を速さ 0.5 cm/s で押した場合,薬液はどのくらいの速さで飛び出しますか.

3·4 ベルヌーイの定理をエネルギー保存則より導く

　この節では,圧力がかかっても体積が一定（非圧縮性）で粘性のない理想的な流体を考えましょう.粘性があると,流体の流れが妨げられ**摩擦熱**が発生し,エネルギーの一部が熱になって逃げてしまいます.そのため,エネルギー保存則が使えなくなってしまいます.そこで,粘性のない理想的な流体を考え,エネルギー保存則が使えるようにしようというわけです.それに,流体は固体と違って,形が決まっているわけではなく,運動方程式 $F = ma$ が使い難いのです.それで,運動方程式と等価なエネルギー保存則を用いると大変簡単になります.エネルギー保存則を用いる時,流体と小石のような固体とでは,以下の2点が違っているので注意しなければいけません.

　1点は,流体は固体と違って連続的なものであり,流れに沿った<u>全体の運動についてエネルギー保存則を考えねばならない</u>ことです.

　もう1点は,流体には圧力があることです.

　これらを考慮してベルヌーイの定理をエネルギー保存則に基づいて導きましょう.今,図 **3·6** のような円柱形の管の中の流体を考えます.管の面積は,上面と下面で異なっても,以下の証明は成り立ちますが,ここでは簡単のため同じ面積 s とします.この下面に外から p_1 の圧力がかかっていて流体が Δh 動いたとします.この時,下面を押す力 F は円柱の内部の流体に対し仕事をし,流体内部のエネルギーは増えます.一方,上の面では,外の圧力 p_2 に対して内部から仕事をするから,流体内部のエネルギーはここでは減ります.したがって,円柱の内部の流体を持つエネルギーは,足し引きして $W = F \Delta h = (p_1 - p_2) s \Delta h$ だ

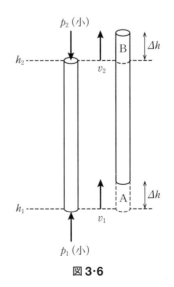

図 3·6

け増えます．この場合，増えたエネルギーの分だけ，位置エネルギーと運動エネルギーの和が増えます．エネルギー保存則を書くと

外力がした仕事量＝位置エネルギーと運動エネルギーの和
の増加分　　　　　　　　　(3・8)

ということになります．

図 **3・6** の定常な流れの場合，前の状態と比べて，A の分が減って B の分になったのだから，微小な高さ Δh の部分の質量を m とすると

位置エネルギーの増加分＝$mgh_2 - mgh_1$

運動エネルギーの増加分＝$\dfrac{1}{2}mv_2{}^2 - \dfrac{1}{2}mv_1{}^2$

よって，式(**3・8**)は

$$(p_1 - p_2)s\Delta h = mgh_2 - mgh_1 + \frac{1}{2}mv_2{}^2 - \frac{1}{2}mv_1{}^2 \qquad (3・9)$$

$s\Delta h$ は，円柱の面積×高さだから，A とか B の部分の体積 V になります．式(**3・9**)の両辺を $V = s\Delta h$ で割ると $\dfrac{m}{V}$ は，質量をその部分の体積で割った量で密度 ρ になりますから

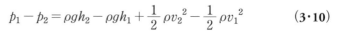

$$p_1 - p_2 = \rho gh_2 - \rho gh_1 + \frac{1}{2}\rho v_2{}^2 - \frac{1}{2}\rho v_1{}^2 \qquad (3・10)$$

これをまとめ直して

$$p_1 + \rho gh_1 + \frac{1}{2}\rho v_1{}^2 = p_2 + \rho gh_2 + \frac{1}{2}\rho v_2{}^2 \qquad (3・11)$$

が得られます．この 1，2 は上と下の点の位置を示していますが，これをどんな点にとっても，式(**3・11**)は成立しています．つまり任意の点で，その点での圧力 p と位置エネルギー ρgh とその点の流体の速さ v を用いた運動エネルギー $\dfrac{1}{2}\rho v^2$ との和は一定となります．

あらゆる点で，$p + \rho gh + \dfrac{1}{2}\rho v^2 =$ 一定　　　(3・12)

となるわけです．式(**3・11**)または式(**3・12**)は，ベルヌーイが初めて導いたもので，**ベルヌーイの定理**と呼ばれています．ベルヌーイの定理は左図のように太さが変ったり，曲がったりした層流にも成り立ちます．流体のようなものにも，力学が用いられるという所がおもしろいでしょう．力学は，あらゆるものの基礎になるのです．

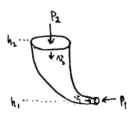

問題 3·4 水槽に高さ 1 m まで水が入れてあります．その底部に穴をあけると，水は噴き出してくるでしょう．その水の速さはいくらでしょう（穴の位置 A 点と水の上部 B 点で，ベルヌーイの定理を用いてごらんなさい）．

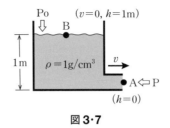

図 3·7

3·5 | 血圧と点滴

ベルヌーイの定理を用いると，**血圧**について大変重要なことがわかります．それは，いろいろな姿勢での血圧です．血液には粘性がありますが，ここではそれを無視できるとします．**3·4**節で導いたようにベルヌーイの定理は，1 と 2 の点で圧力と位置エネルギーと運動エネルギーの和が等しい，つまり

$$p_1 + \rho g h_1 + \frac{1}{2}\rho v_1{}^2 = p_2 + \rho g h_2 + \frac{1}{2}\rho v_2{}^2 \qquad (3\cdot13)$$

ところが，人間の体内で流れる血流の速さ v_1, v_2 は小さく，ほかの項に比べて無視できるので

$$p_1 + \rho g h_1 = p_2 + \rho g h_2 \qquad (3\cdot14)$$

が任意の 2 点 1，2 について成り立ちます．

この式を用いて血圧を求める前にまず，圧力の単位について学んでおきましょう．

3·5·1 圧力のおはなし

圧力は MKSA 単位系では kg重/m^2 で表すのですが，血圧は **torr**（**トール**）を単位に使うことが多いようです．昔，**トリチェリ**が真空にした試験管の中を水銀が空気の圧力によって，どこまで押し上げられるかを実験しました．その結果，水銀は 760 mm の高さまで押し上げられました．これで，地上での空気の圧力，1 気圧がわかるのです．なぜなら，図 **3·8** の A，B の点を 1，2 の点として式（**3·14**）を用いると $h_1 = 0$，$p_2 = 0$ に注意して

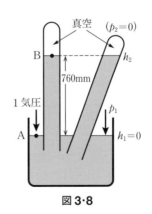

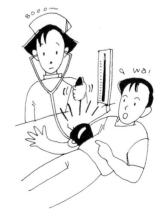

図 3·8

$$p_1 = \rho g h_2 = 760 \text{ mm の水銀柱の圧力} \tag{3·15}$$

これで点 A の圧力，すなわち 1 気圧がわかったわけです．これを **1 気圧**といったり，単に水銀柱の高さだけで 760 mmHg といったりします．この **mmHg** の単位を torr（トール）といいます．760 mmHg は水銀の密度 $\rho = 13.6$ g 重/cm^3 を用いると，760 mmHg = 76 cmHg だから，76 cm × 13.6 g 重/cm^3 = 1034 g 重/cm^2 です．圧力のいろいろな単位の換算は以下の式でできます．

$$\begin{aligned} 1 \text{ 気圧} &= 760 \text{ mmHg} = 760 \text{ torr} = 1034 \text{ g 重/cm}^2 \\ &= 10340 \text{ kg 重/m}^2 = 101332 \text{ N/m}^2 \simeq 1013 \times 10^2 \text{ N/m}^2 \\ &= 1013 \text{ hPa}（ヘクトパスカル） \end{aligned} \tag{3·16}$$

これらは，違った単位で表されていますが，すべて同じ 1 気圧なのです．この torr = mmHg で表すと，心臓の近くの動脈の平均血圧は 100 torr くらいになります（上の式より，1 torr = 1.36 g 重/cm^2 です）．

さて，いよいよ**血圧**の話です．式(**3·14**)を心臓と頭（や足）の 2 点で用います．横に寝ていると，心臓と頭や足は同じ高さになり，動脈の平均血圧はほぼ同じになります．立ちますと，高さの差（$h_1 - h_2$）の分だけ圧力差が出ます．式(**3·14**)より

$$p_1 - p_2 = \rho g (h_2 - h_1) \tag{3·17}$$

心臓から頭までの高さの差を 40 cm，血液の密度 $\rho = 1.05$ g/cm^3 とすると，

$$p_1 - p_2 = 1.05 \text{ g/cm}^3 \times g \times 40 \text{ cm} = 42 \text{ g 重/cm}^2 \tag{3·18}$$

$$= \frac{42 \text{ g 重/cm}^2}{1034 \text{ g 重/cm}^2} \times 760 \text{ torr} \approx 30 \text{ torr}$$

ですから，$p_2 = p_1 - 30 = 100 - 30 = 70$ torr になり，立つと頭の血圧は下がり，70 torr くらいになるわけです．

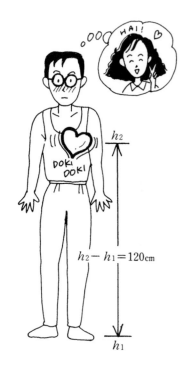

■ **問題 3·5** 足から心臓までの高さを 120 cm とする時，立った時の足の動脈の平均血圧はいくらでしょう．ただし，血液の密度を 1.05 g/cm^3 とし，心臓の近くの動脈の平均血圧を 100 トールとします．

このように，血圧は姿勢によって，ずいぶん違います．ですから，貧血を起こした場合，横になって静かにしていると回復するわけです．エレベーターで上昇する時や急に立った時は加速度が生じ，力が働きます．この時の加速度を a とすると，重力加速度 g に a が加えられて式(**3·17**)は $p_1 =$ 心臓の平均血圧 100 torr，

$p_2 =$ 頭の平均血圧として

$$p_1 - p_2 = \rho(g + a)(h_2 - h_1) \tag{3·19}$$

となり，血圧はもっと下がります．$a = 10 \text{ m/s}^2$ では，頭の血圧は，60 torr 下がって 40 torr になり，$a > 23 \text{ m/s}^2$ では，$p_1 - p_2 = 0$ ですから頭へ血液がいかなくなり，非常に危険です．日常ではこんなに大きな加速度のものはありません．急に立っても，せいぜい $a \sim 5 \text{ m/s}^2$ ですから，15 torr の減です．急いで立った場合，立ちくらみを起こすのはこのせいなんですよ．

▌ 3·5·2 点滴

点滴は 2 つのことがポイントになります．1 つは点滴の圧力，もう 1 つは流量です．圧力 p は，点滴液の液面の高さと注射される点の高さとの差 h（図 3·9）のみで決まります．

$$p = \rho g h \quad \begin{pmatrix} \rho \text{は液体の比重で} \\ g \text{は重力加速度} \end{pmatrix} \tag{3·20}$$

図 3·9

ですから，あまりに低い位置に点滴液を持ってくると液は入りません．そればかりか血圧の方が高くなって，逆に血液の方を押し出して逆流させてしまいます．点滴の圧力＞血圧でなければならないわけです．静脈の平均血圧は 12 torr くらいですから，$p > 12 \text{ torr} = 16 \text{ g 重/cm}^2$ でなければならず，点滴液の密度 ρ を 1 とすると $h > 16 \text{ cm}$ となります．普通は安全のため，注射点からの高さ h は 80 〜 120 cm くらいとしているようです．

次に流量ですが，これは**クレンメ**で管を絞って調節します．注射針の 1 滴のしずくは装置のセットによって違いますが，1 滴が約 0.05 mg = 0.05 cc（20 滴で 1 cc）のセットの場合，2 秒間に 1 滴が落ちるように調節すると，1 時間に 90 cc となり，もし 500 ml = 500 cc の点滴液だったら，約 5.5 時間で点滴が終ります．これらの数字は，もちろん装置や液量によって異なりますが，一応の目安として覚えておくと，きっと役に立つでしょう．

▌ **3·6** | ハーゲン・ポアズイユの法則と血流量

水や血液は粘性を持っています．粘性の大きさを**粘性係数**（または**粘度**）といい，物質によって決まった定数です．粘性がある液体では，粘性によって流体の流れに対する摩擦が生じるため，摩擦熱が発生し，エネルギー保存則が式（**3·13**）の形では成立しなくなり，ベル

ヌーイの定理が成り立ちません.

しかし，管径が一定の細い管の中を層流で流れる流体の流量は，粘性係数 μ（ミュー）を用いて表すことができます．図 **3·10** のように，半径 r，長さ l の細い管の一方に圧力をかけ，他方から流体が少しずつ流れ出るようにします．この時，水より油の方がねばっこく粘性係数がかなり大きいので，水より流れにくいことは想像されるでしょう．単位時間（たとえば 1 秒間とか 1 分間とか）に流れ出てくる流量 Q は水より油の方が小さくなってしまいます．ですから，流量 Q は粘性係数が大きくなると減少するはずです.

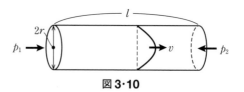

図 3·10

次に，液体を押し出す圧力について考えてみましょう．もし圧力差がない（$p_1 = p_2$）なら，液体は流れ出るはずはないですし，圧力差が大きいと強く押されるので流量は増えるはずです．実際ちゃんと計算をすると流量 Q は，

$$Q = \frac{\pi r^4 \cdot \Delta p}{8 \mu l} \qquad (3 \cdot 21)$$

となり，Q は両端の圧力差（$\Delta p = p_1 - p_2$）に比例し，粘性係数 μ に反比例しています．これを**ハーゲン・ポアズイユの法則**といいます.

ここで注目すべき量は，管の半径 r です．流量はなんと半径 r の 4 乗に比例しますので，r が小さくなると Q は急激に小さくなります.

▌ **問題 3·6** 血管を固くて一様な管と近似しましょう．今，長さ l，半径 r の血管に，心臓によって p の圧力差が加えられているとしましょう．この血管の中に脂肪（コレステロール）が付着して，管の半径が元の 9 割になったとすると，血流量は元の何 % になりますか.

第4章
波と光と音の世界

4·1 波の表し方

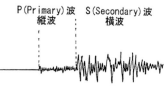

P(Primary)波　S(Secondary)波
縦波　横波

地殻の中で, 大きな岩盤の急激な破壊などがあると, 地震が生じる. 縦波と横波は, 同時にできるが, 縦 (P) 波は, 速さが, 5〜7 km/s と横 (S) 波 (速さ3 km/s) より速く, 先に地面を小さくゆらす. この後, 横方向に揺れる大きな振動が来る.

　水の波や音波, 光 (電波) 等, 波はいろいろなものの運動を表すものとして重要です. この節では, まずこれらに共通する波の性質を一番単純な sin (サイン) で表される波 (**正弦波**) を例にして説明しておきましょう.

　波を一口で言うと, 空間の各点で時間と共に**振動運動**をしているものです. たとえば, 綱を張って左右 (あるいは上下) に振動させても波はできますし, 長いつるまきバネを左手で引っぱっておいて, 中心を右手でつまんで少しだけ左手の方向にずらして, 離してできるバネの振動運動もやはり波なのです.

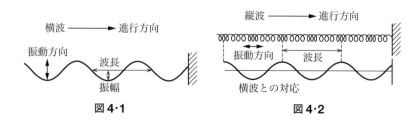

図4·1　　　　　図4·2

　波には, 振動の仕方で**横波**と**縦波**の2種類があります. 図4·1のように, 横波は波の進行方向に対して垂直に振動している波で, 縦波は図4·2のように波の進行方向に対して同じ方向に振動している波です. 先程述べた綱の波は横波で, バネの波は縦波です. 光や音も振動しているのですが, これは目では見えないので, 実験によって調べると, 光は綱の振動のような横波であることがわかっています. 音は空気の振動によって伝わり, その振動はバネのような縦波です. 横波でも縦波でも, その記述の仕方は全く同じです. ある一点に注目すると, 時間と共にどちらかの方向に振動しています. 振動の中心からの**変位** (距離) を y とすると

$$y = A \sin\left(2\pi \frac{t}{T}\right) \tag{4·1}$$

地震の時のP波 S波は横波 縦波のことなのダ。

地震情報
M6.0
P波
S波

　ここで, A は**振幅**で波の最大の振れ幅, t は時間, T は周期 (後で説明します) です. 2π でわかるように, 角度はラジアンで表してあります. この変位 y を時間 t の関数として図を書くと, $t = T$ の時, 振動がちょうど1回分だけ起こることがわかります (図4·3

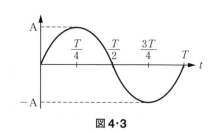

図4·3

参照). この1回分の振動にかかる時間 T を**周期**と呼びます. すると（**1·19**節でも述べましたが）$\dfrac{2\pi}{T}$ は1周分の角度 2π ラジアンを1周に要する時間 T で割ったものだから, 単位時間（たとえば1秒）に何ラジアンの角度を回るかを表すことになります. これは角度を回る速さだから, **角速度**と呼ばれ, ω（オメガ）で表すと

$$\omega = \frac{2\pi}{T} \tag{4·2}$$

すると, 式(**4·1**)は角速度 ω を使って書くと,

$$y = A \sin \omega t \tag{4·3}$$

と簡単な覚えやすい式になります.

　これは, 実は単振動の式(**1·80**)と全く同じです. ですから, 波のある1点に注目すると, それは単振動をしているのです. 波と単振動の違いは, 波の場合には空間的な広がりがある, つまり, 空間のいたる所が規則的に単振動をしている点です. 波の空間的な形を, 今度は時間を止めて見てみます. 座標 x での波の変位 y は

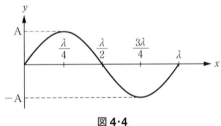

$$y = A \sin\left(2\pi \frac{x}{\lambda}\right) \tag{4·4}$$

$2\pi \dfrac{x}{\lambda}$ の形は x が1波長分（λ）だけ変化したら, 角度が 2π 変化するようにするためです.

　図で書くと図 **4·4** のようになり, λ（ラムダ）は波の繰り返しの長さ（山と谷）で**波長**と呼びます. $\dfrac{2\pi}{T}$ を ω と書いたように, $\dfrac{2\pi}{\lambda}$ を k とおくと,

$$y = A \sin kx \tag{4·5}$$

となり, 簡単な式で書けます. この k は 2π ラジアンを波長 λ で割ったもので 2π の中にある波の個数ですから, **波数**と呼ばれます（波数の単位は［ラジアン/m］で x［m］をかけてラジアンになります）.

図 **4·4**

4·2 | 波の進行の速さ

　4·1節では, 時間 t を止めた時の波の式(**4·5**)と, 位置 x を止めた時の波の式(**4·3**)を説明しました. しかし, 波はこの両方, つまり x と t によって変わるのです（これを x と t を**変数**とする**関数**といいます）. それでは, どのように変わるのでしょうか. **4·1**節で説明しま

したように，各点はみな，単振動をしているのですが，それはバラバラではなく，ある時間で見ると，必ず正弦波（サイン波）の形をしているのです．ですから，波の空間的形を各 t ごとに書いてみると，図 **4·5** のようになります．たとえば，B 点は下にいって上へいく単振動をしており，A 点は逆に上へいって下へいく単振動をしています．各点は単に上下に単振動しているだけですが，波はいかにも x の正の方向へ進んだように見えます．これを**波の進行**と言います．その速さ v は，図からわかるように，半波長 $\dfrac{\lambda}{2}$ の距離を時間 $\dfrac{T}{2}$ だけかかって進んでいるので，

$$v = \frac{\dfrac{\lambda}{2}}{\dfrac{T}{2}} = \frac{\lambda}{T} \tag{4·6}$$

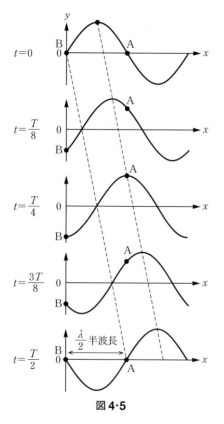

図4·5

となります．これは，また，式(**1·71**)の $f = \dfrac{1}{T}$ を使って書き直すと速さと波長と振動数の関係式が出てきます．

$$v = \frac{\lambda}{T} = f\lambda \tag{4·7}$$

この式は波が1秒間に f 回振動して，1回で1波長 λ だけ進むから，1秒間に $f\lambda$ 進むことになることを示しています．

この波を，x と t の式で表すことを考えましょう．

$t = 0$ の時は $y = A\sin kx$ です．$t = \dfrac{T}{2}$ の時は，波が右（正）の方向に π ラジアン分だけ進んでいるので（この角度を**位相**と呼びます），

$$y = A\sin(kx - \pi) \tag{4·8}$$

$t = \dfrac{T}{4}$ の時は，$\dfrac{\pi}{2} = \dfrac{2\pi}{T}\dfrac{T}{4} = \omega\dfrac{T}{4} = \omega t$ だけ位相が進んでいるので

$$y = A\sin\left(kx - \frac{\pi}{2}\right) = A\sin(kx - \omega t) \tag{4·9}$$

任意の時刻 t の時は，同様に ωt だけ位相が進んでいるので

$$y = A\sin(kx - \omega t) \tag{4·10}$$

となり，これが x と t で表した波の式です．

ここで，波動についての重要な量の定義式とそれらの関係式を整理しておきましょう．$v = f\lambda$，$\omega = \dfrac{2\pi}{T}$，$k = \dfrac{2\pi}{\lambda}$，$f = \dfrac{1}{T}$ を用いて，以下の関係式を導けます．

$$角速度 \quad \omega \equiv \frac{2\pi}{T} = 2\pi f = \frac{2\pi v}{\lambda} = kv$$

$$波 \quad 数 \quad k \equiv \frac{2\pi}{\lambda} = \frac{2\pi f}{v} = \frac{2\pi}{vT} = \frac{\omega}{v}$$

$$振動数 \quad f \equiv \frac{1}{T} = \frac{\omega}{2\pi} = \frac{vk}{2\pi} = \frac{v}{\lambda}$$

$$(4\cdot11)$$

これらをすべて使うことはありませんが，色々な式で表わされることがおもしろいですね．

■ **問題 4·1** 式 $(4\cdot10)$ で，$t = 0$，$\dfrac{T}{4}$，$\dfrac{T}{2}$ とおいて，その時の波の形 y を書いてみてごらんなさい．

■ **問題 4·2** 音の速さは，約 340 m/s です．500 Hz の音の波長はいくらでしょう．速さと波長の関係式の式 $(4\cdot7)$ を使います．

■ **問題 4·3** 光の速さは，3×10^8 m/s です．波長が 5000 Å = 500 nm = 500×10^{-9} m の光の振動数はいくらでしょう．

4·3 ｜ 光と色

バラは，何故かくも美しく香り高いのだろう．

バラは，何故燃ゆる如く紅いのだろう．

なんだか詩のようですが，皆さんは色について考えたことがありますか．バラがなぜ赤く見えるか，その理由について考えてみましょう．

私達の目で見える光を**可視光**といいます．それは約 400 nm（4000 Å）〜 700 nm（7000 Å）〔1 Å（オングストローム）= 10^{-10} m〕の波長の光です．皆さんは**虹**を見たことがあるでしょう．虹は，雨あがりの空気の中にある水滴に太陽光が当たり，光の波長によって屈折の仕方が違うために，太陽光の中に含まれていた様々な色の光が分解されてできたものです（これを光の**スペクトル**といいます）．光の色の違いは，波長の違いからくるのです．

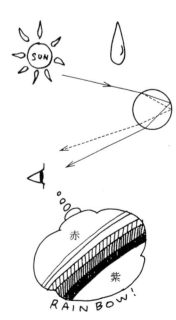

図 4·6 のように，可視光の中の約 400 〜 450 nm の短い波長の光が紫で，約 650 〜 700 nm の長い波長が赤の光です．

バラが赤く見えるためには赤い波長の光を反射していなければなりません．真暗では何も見えませんから，太陽の光がバラに当たり，バラは赤以外の光を吸収し，主に赤の波長の光を反射するからこそ，美

同じチューリップ
でも色んな色があ
るのは、出てくる光
の波長が違うか
らなんだね。

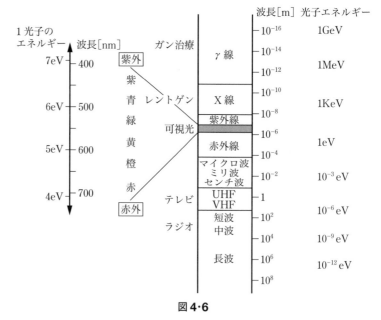

図4·6

しく紅く見えるのです.

問題4·4　青い光のみを通す青いセロファン紙を使って，青い光をバラに当てると，バラは赤く見えるでしょうか，青く見えるでしょうか．それとも，赤と青が混じった色（紫）に見えるでしょうか．

休憩室

ドップラー効果とビッグバン

　音や光などの波は，**ドップラー効果**と呼ばれるおもしろい現象を示します．皆さんは，こちら向きに走ってくる車のサイレンや，汽車の汽笛の音が高く聞こえ，遠ざかっていく時は低く聞こえた経験があるでしょう．波を出して走っているものの速度と方向（近づいているか，遠ざかっているか）によって，観測される波の振動数と波長が変わります．これがドップラー効果です．逆に，波の振動数を観測すると，それを出しているものの速度がわかります．宇宙の遠方の星からくる光を観測すると，光の波長が赤の方へ長く伸びていること（**赤方変位**）が，発見されています．この波長のずれから遠方の星の速度を求めると，太陽から遠ければ遠いほど速く，しかもどの星も遠ざかっていることがわかりました．そのスピードは大変に大きく，速いものではなんと光速に近いのです．つまり，宇宙はものすごい速さで膨張し続けているわけです．ですから，時間を元に戻して過去に戻ると，宇宙は一点に集まります．このことから，宇宙は今から約138億年ほど昔に，**ビッグバン**と呼ばれる大爆発によって始まり，現在まで膨張を続けているという考えが生れました．

4·4 | 光のいろいろ

可視光より，光の波長をもっと長くしていくとどうなるのでしょう．それは，目では見えませんが，やはり光なのです．赤のすぐ隣の波長帯の光を**赤外線**といいます．これは，**熱線**ともいわれ，暖かく感じる光です．もう少し波長が長くなって，数 mm や数 cm になると，ミリ波やセンチ波といわれる**電波**になり，数 m になると，テレビの電波（UHF，VHF）になり，数百 m になると，ラジオの電波（中波）になります．電波（正しくは**電磁波**）も光の仲間なのです．ただ波長が，可視光の数千 Å に対し，中波等の数百 m と，何と数十億倍も波長が長いわけです．光の波長が短いと，光は粒子のようにふるまい，図 **4·7** のように光が物に当たると，影をはっきりと作ります．ところが，光の波長が長いと，光は波のようにふるまい，図 **4·8** のように光は物の影の中に回り込み，はっきりとした影を作りません．この光の回り込む性質を**回折**（かいせつ）といいますが，光だけでなく，音でも水の波でも波長の長い波に見られる性質です．この回折のため，ラジオやテレビの電波は谷間の家やビルの影になった家にも，回り込んでちゃんと来るのです．

波長が短い

図 4·7

波長が長い

図 4·8

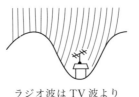

ラジオ波は TV 波より
波長が長い

図 4·9

さて，今度は可視光よりもっと波長の短い光を見てみましょう．紫のすぐ外には**紫外線**があります．これは細胞を殺す力を持っており，**殺菌作用**があります．また皆さんが海に行った時，**日焼け**を起こすのも紫外線です．それより短くなると，レントゲン撮影に使う **X 線**（波長は 1 nm くらい）になります．これは体をつき抜け始めますが，骨などでは吸収されるので，その吸収の度合いの違いを利用して，レントゲン撮影に利用されます．さらに短い波長の光は γ（**ガンマ**）線と呼ばれ，細胞を殺す力が大きくなりますので，**ガン治療**等に応用されています．

レントゲン撮影でなぜ骨が見えるか

皆さんは，友達や景色の写真を撮るでしょう．では，どうしてX線で体の中が撮影できるのでしょう．X線は，波長の短い光で直進性が強く，まっすぐ平行に体の中に入っていきます．X線の場合は，撮影する人や物の後ろにフィルムを置いて，前からX線をあてます．骨と臓器では，X線の吸収の仕方（**吸収率**）が大きく違っていて，X線は骨でかなり吸収されます．すると，フィルム上の骨の部分にはX線は余り当たらず，骨のなかった所にはX線がかなり当たります．このフィルムを現像すれば，骨を浮き出させることができます．

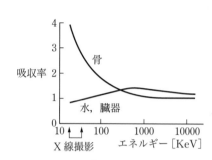

図 4·10

今では，X線をよく吸収する **Ba**（**バリウム**…これを**造影剤**といいます）等を飲ませて，胃を撮影したり，造影剤を血管に注射して，脳内の血管の撮影を行えるようになりました．そして，最近はコンピュータを用いて，頭や体の任意の断面の像を作ることすらできるようになり，これを **X線−CT**（**コンピューテッド・トモグラフィー**）と呼んでいます．ただX線は細胞を殺す力を持っており，胃等のX線撮影はかなりの被爆があるので，むやみに撮影しない方が良いのです．特に，胎児は敏感に放射能の影響を受けるので，妊娠の可能性のある婦人の腹部照射は，できるだけ避けるようにしなければなりません．

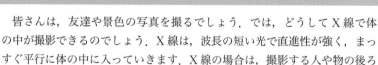

4·5 レンズと光の屈折

物質に光が当たった時，物によっては光を余り吸収せずに，通過させてしまうものがあります．ガラスや水や空気等です．これらは，透明に見えます．しかし光が通過する時，図 **4·11** のように，入射角に

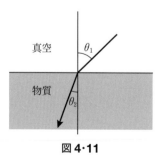

真空 θ_1

物質 θ_2

図 4·11

屈折率

	屈折率
空気	1.0
水	1.3
ガラス	1.6

よって，光は違う方向に屈折して進みます．この**入射角** θ_1 と**屈折角** θ_2 から**屈折率** n を

$$n = \frac{\sin \theta_1}{\sin \theta_2} \tag{4·12}$$

で定義すると，屈折率 n は物質によって一定になります．たとえば，空気はほぼ 1（つまり屈折しない）で，水は 1.3，ガラスは約 1.6 くらいです．このガラスの光を屈折させる性質を利用して，**レンズ**を作ることができます．図 **4·12** のようにガラスを磨いてうまく作ると，中心を通る光はまっすぐ進み，レンズの端に入ってくる光線ほど入射角が大きいから，大きく曲がって平行に入ってくるすべての光を 1 点に集めることができます．この点 F を**焦点**といい，レンズの中心 O から焦点 F までの距離を**焦点距離** f といいます．

図 **4·12**　　　　　　　　図 **4·13**

今度は，このレンズに 1 点 A から出た光が入るとしましょう．OA，OB の長さを a, b とすると次の**レンズの公式**が成り立ちます（図 **4·13** 参照）．A から出たすべての光は焦点距離 f のレンズで曲げられ，B に収束するという意味です．

$$\frac{1}{f} = \frac{1}{a} + \frac{1}{b} \tag{4·13}$$

平行な光線は点 A が無限に遠い所にあり，そこからやってくると考えられますから，式(**4·13**)で $a = \infty$（無限大）とすると，$f = b$ となり，光が焦点に集まることが示されます．凸（トツ）レンズは，厚ければ厚いほど，光を大きく曲げますから，焦点距離 f は小さくなります．この時 $\frac{1}{f}$ は大きくなりますから，$\frac{1}{f}$ は光を曲げる度合を表すといえます．

▌ **問題 4·5**　焦点距離が 10 cm のレンズに 20 cm 離れた所から光が入ると，レンズから何 cm の所に像を結ぶでしょう．

レンズには，今出てきたような凸レンズとは違ったいろいろな形が考えられます．その中の 1 つに凹（オウ）レンズがあります．これは，平行光線が入ると図 **4·14** のように，あたかも 1 点 F から出てき

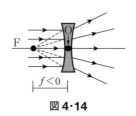

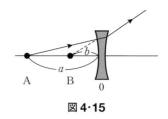

図 4·14

図 4·15

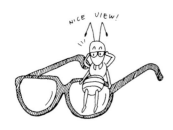

たように広がってしまいます. この点 F をやはり焦点といい, OF の長さを焦点距離 f といいます. ただ, 本当に光が集まっている点ではなく, 作図をして求めた見かけ上の点ですから, $f < 0$（負）にとります. すると, 式（4·13）は凹レンズでも成り立ちます. ただし, a, b の符号についても, f と同様に見かけ上の点は負にとります. たとえば, 図 4·15 では, a は正ですけれど b は負となります.

休憩室

レーザーメスは光のメス

　レーザーは光です. ただ普通の光より振動数と波の位相（波の山や谷のこと）がそろっており, 非常に細いビームを作れます.

　レーザーは切開や止血などにも使われます.

　強度の強いレーザー光を何かにあてると, あたった所は瞬間的に温度が上がり, とけて吹き飛ばされてしまいます. これが光でメスの代わりができる理由です. 厚さ 1 cm の鉄板ですら, 強いレーザーなら切ることができます. レーザー光で物が切れるということは, 逆に言えば危険もあるわけで, 手術中でも誤って切りすぎたり, ほかの場所にあてたらそこが切れたりしますから, 取り扱いに注意が必要です. また, 弱いレーザー光でも, 直接目で見れば網膜がやけて失明したりしますので, これも注意が必要です. **電気メス**が切れるのもレーザーメスと原理は同じです. 電気メスの触れた部分は, 強い高周波電流が流れ, 温度が瞬間的に上昇し, 蒸発してしまいます. これで切れるわけです.

4·6 ｜ 目の幾何光学

　目は構造的にはカメラやビデオによく似ています. というのは, カメラやビデオが目の構造を参考にして考えられたものだからです. **水晶体**にあたるレンズ, **網膜**にあたるのがフィルム等です. ところが, 1 つ違っているのは, 遠いところや近いものを見る時の目のレンズの調節です. 目のレンズは凸ですから, レンズから遠い物ほどレンズの近くに像を結びます. つまり, a が大きいほど, b が小さくなるわけです.

▌ **問題 4·6** たとえば, 焦点距離が 3 cm の凸レンズだとして, $a = \infty$, 10 m, 1 m, 30 cm の時の b がそれぞれいくらになるでしょう.

問題 4·6 からわかるように, ∞ から 30 cm までの a に対し, b はわずかに 0.2 cm しか変化しません. カメラの場合はレンズを前後に移動させて, 正しい b になるようにします (ピントを合わせること). 目の場合は, 目の水晶体を前後に動かせないので, 毛様体筋によって水晶体の両端を引っぱってその厚さを変えて焦点距離 f を変えます.

▌ **問題 4·7** 今, 目の奥ゆき b が 2.5 cm とする時, $a = \infty$, 10 m, 1 m, 30 cm から出た光が網膜上にピントが合うためには, 水晶体の焦点距離をいくらにすれば良いでしょう.

問題 4·7 の答えからわかるように, 焦点距離はわずか 0.3 cm 変えれば, $a = 30$ cm のものから $a = \infty$ のものまでが見られるのです. しかし, 遠くの物がよく見えない人が多数います. 近くの物は見えるけれども, 遠くの物がよく見えない人を**近視**といい, その逆を**遠視**といいますが, 近視の人は水晶体の焦点距離が厚い方で固定されて, 薄くならなくなったのです. この人達が遠くをよく見るためには, 凹レンズの眼鏡をかけて, 水晶体の凸を弱めてやって, 全体として f を少し小さくしてやらなければなりません. 焦点距離が f_1 と f_2 の 2 つのレンズの新しい焦点距離 f は

$$\frac{1}{f} = \frac{1}{f_1} + \frac{1}{f_2} \qquad (4·14)$$

となります.

レンズの屈折の強さを表すのに**ディオプトリー** (D) を用います. ディオプトリーは, 焦点距離 f を m(メートル)で表した時の逆数 $\frac{1}{f}$ です. たとえば, 焦点距離が 0.25 m の凸レンズは 4 ディオプトリーです.

眼は, 眼球の大きさがおよそ 24 mm, 重さ 7 g 程度の球体で, 図 4·17 のように角膜と水晶体が光を曲げる凸レンズになっており, その屈折力は, 角膜がおよそ 40D, 水晶体が約 20 〜 30D です (幅があるのは, 水晶体の厚みを調節してピントを合わせようとする毛様体筋の作用によるものです. ただし, 年齢が上がると調節力は急激に落ちます). 眼の凸レンズの屈折力は合わせると約 60D ですが, 水晶体がやや厚くなって近視になると, 屈折力がやや大きい側にずれ, 近くしか焦点が合いません. たとえばある人は, 正常な時は平行な光が 60D

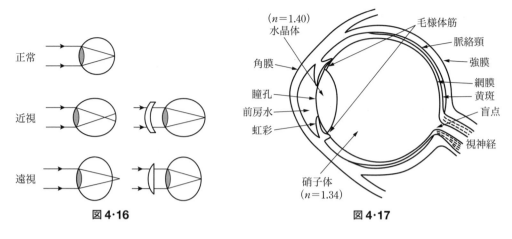

図 4·16 図 4·17

図 4·18

盲点って言うんだョ!!

で網膜に焦点が合っていたのに，近視になって 65D にずれた場合，これを補正するために，−5D の凹レンズをかけると，図 **4·16** のように焦点が合います．二つのレンズの合成レンズのディオプトリーは，65D＋（−5D）＝60D のように足し算できます．焦点距離 f [m] のレンズを，ディオプトリー D＝1/f のメガネといいます．ここで D は，ディオプトリー（またはディオプター）で，レンズの焦点距離を m（メーター）で表した時の逆数です．凸レンズは正で，凹レンズでは負です．例えば，メガネに出てくる凹レンズでいうと，焦点距離が 0.25 [m] の場合は 1/（−0.25）＝−4D です．

　盲点をさがしてごらんなさい．図 **4·18** を使って，右目をつむり，左目で＋の方を見つめて動かさず，本を 30 cm 前後で動かしてごらんなさい．視野の中から・が消えます．

休憩室

ファイバースコープで広がる世界

　"体の中を撮影などではなく直接のぞき見る"これができるのが内視鏡で**ファイバースコープ**はそのひとつです．普通は，口からファイバースコープを入れ胃の中，肺等を直接見れます．

　ファイバーは，直径が 5 nm ほどの細いガラスの糸を数万本も束ねたものです．ファイバーは，医師が手元で先端の向きを変えられますし，先端から懐中電灯のように光を出して，前方を照らすことができますから，見たい所を照らして見れます．

今，ファイバーの先端にたとえば A という文字が入ってきたとしましょう．A の各部の光は，細いガラスの中を途中が曲がっていても伝わっていき，手元まで A の形の光がやって来るわけです．ですから，もし数万本のガラスの糸が整然と並んでいないと，手元の A の形が歪んでしまいます．この整然と並べる技術と曲がったガラスの中を光が，弱くならずに伝わるようにする技術は日本で大きく発展したものです

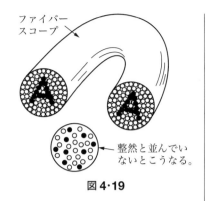

ファイバースコープ

整然と並んでいないとこうなる。

図4・19

最近はファイバースコープに代わるものとして，電子内視鏡が使われています．これは細いスコープの先端に CCD カメラがあり，それを胃や腸の内部に入れ，その映像を手元のモニターで同時に見ることができます．動画撮影もできる優れもので，胃カメラはこれです．

内視鏡は，単に見るだけでなく，先端に注射針やバスケット鉗子等を取り付けて，見ながら，**胃潰瘍**の部分に注射をしたり，**胆石**をつかみ出したりと治療にも使えるものまで工夫されています．

4・7 音の 3 要素

音は，物質の微視的な振動によって伝わります．空気中では空気の振動（気体分子の粗密）によって，水中では水の振動によって伝わります．ですから，宇宙のような真空では，振動を伝えるものが何もないので音は伝わりません．ところが，光はそれ自身が粒子でもあるので，真空中でも走ってきます．ですから，宇宙のかなたの星の輝きは見えるけれども，その燃える音は聞こえないのです．

音には 3 要素と呼ばれるものがあります．音の**高さ**，**強さ**，**音色**です．色が光の振動数の違いによるように，音の高さは音の波の振動数によって決まります．振動数の大きい音は高く，小さい音は低く聞こえます．音の強さは波の持つエネルギーだから波の振幅 A の 2 乗に比例します．振幅 A は，耳に音の圧力を与えるので音圧と呼ばれます．音の強さを表わすデシベルという単位は，基準の強さの何倍かを示します．

正確には，音圧（振幅）が A である音のデシベルは，音の強さ A^2 と基準値 $A_0{}^2$ との大きさの比の $10 \times \log$ で定義します．つまり，デシベル $= 10 \log(A^2/A_0{}^2) = 20 \log(A/A_0)$ です．A_0 は基準となる音圧

で，人間が聞き取れる最小音の 2.0×10^{-5} パスカルです．例えば，音圧が基準値の 10 倍であるような音のデシベル値は，$A = 10A_0$ だから，デシベル $= 20 \log_{10} 10 = 20 \times 1 = 20$ デシベルとなり，基準値の 100 倍であるような音圧のデシベル値は，$A = 100A_0$ だから，デシベル $= 20 \log_{10} 100 = 20 \times 2 = 40$ で，40 デシベルであることなります．100 デシベルではなんと基準値の 10 万倍も強い音圧です．

　具体的な例で言いますと，基準となる 0 デシベルは人間が聞き取れる限界の音です．ささやき声は 20 デシベル，静かな住宅地で 40 デシベル，普通の大声での会話が 60 デシベル，電車内の騒音は 80 デシベル，ガード下で 100 デシベル，飛行機のエンジン音は近くで 120 デシベル，これを超える大きな音は，不快を通り越して耳が痛くなります．病院や学校では 40 デシベル以下が望ましいですし，60 デシベル以上の音でないと聞こえない人には，補聴器が必要でしょう．

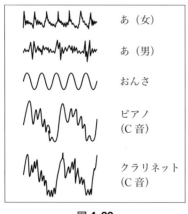

図 4・20

　さて，音色は実は，波の**波形**で決まるのです．皆さんがドレミのドの音を発声したとしましょう．同じ音程だから，だれが発声しても同じ波形になると思ったら大間違いで，個人によって波形が多少違います．この違いは**声紋**として犯罪捜査にも利用されます．

　また，バイオリンの名器ストラディバリウスと普通のバイオリンでは何が違うのでしょう．実はこの音色，作り出される波形が違うのです．音の波形は，実際に音をマイクで拾って，それを**オシロスコープ**という機器で表示することができます．今まで，波といえば式(**4・10**)のようなサイン形の正弦波（おんさの音はそれに近い）であるかのように話をしてきましたが，実際の音にはこのようにきれいな形の音波はありません．正弦波は，波のもっとも単純な理想化された形なのです．ところが，波には**重ね合わせの原理**というものが成り立ちます．すなわち，任意の 2 つ以上の波を重ね合わせても波になるという原理です．これは逆に，あらゆる波はいろいろな振動数と振幅を持った正弦波の重ね合わせとして表されるということになります．式で書くと

$$\text{任意の波} = \sum_{i=1}^{N} A_i \sin(k_i x - \omega_i t + \phi_i) \tag{4・15}$$

i は i 番目の振幅 A_i，波数 k_i，角速度 ω_i，初期位相 ϕ_i（ファイ）において，これらが i 番目であることを示すために使われた指標です．$\sum$ は和の意味で $\sum_{i=1}^{N}$ は $i = 1$ から N まで，和をとることを意味しています．式(**4・15**)のようにある音を正弦波の和で書き表すことを**ス**

ペクトル分解とか**周波数分解**とか数学の言葉で**フーリエ分解**とかいいます．スペクトル分解をすると，いろいろな波形の特徴が非常にわかり易くなることがあります．たとえば，脳波や心電の波についてフーリエ分解をすると，波の違いがすぐわかるということがあり，医学でもさかんに用いられています．

おもしろいのは，楽器の出す音波をフーリエ分解すると，楽器が正しい音だけを出しているのではないことがわかります．たとえば，ピアノの中央の A（ラ）音は 440 Hz だけのはずですが，なんとその整数倍の 880 Hz とか 1320 Hz とかの音を出しています．これらの整数倍の振動数の音は**倍音**と呼ばれていますが，実はオクターブ上の音なのです．

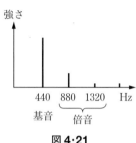

図 4·21

どんなに良いピアノのどのキーでも，多かれ少なかれ倍音を出しています．この出し方がピアノごとに少しずつ違っていて個性があるわけです．この違いはもちろん，スペクトル分解すればすぐわかります．楽器では，これらの倍音が重要で倍音があることによって深みが増し，音楽に味わいが出てくるのだから実におもしろいことです．

▍4·7·1　波の干渉

式(4·15)のように，任意の波を正弦波の重ね合わせとして表せることは，光や音だけでなく，すべての波の基本的な性質です．これを重ね合わせの原理といいます．2つ以上の波が重ね合わされて，1つの波を作ることを波の**干渉**といいます．たとえば，非常に近い振動数の2つの音を発生させると，ワァーンワァーンという強弱が聞こえます．これを**うなり**といいますが，これは図4·22の2つの音波の干渉

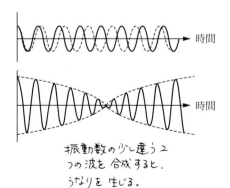

振動数の少し違う2つの波を合成すると，うなりを生じる．

図4·22

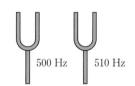

違う振動数の音叉をたたくと，うなりが聞こえるよ．

図4·23

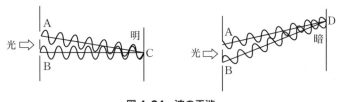

図 4·24 波の干渉

の結果生じています．ギターやピアノの**調弦**は，うなりを聞きながら行います．

光の場合も干渉はあります．図 4·24 のように，2 つの小さなスリットからレーザー光を出すと，明暗のしまができます．明るいところは A と B から出てくる 2 つの波の山と山（谷と谷）が，いつもいっしょに来るため，波は強められ明るく見えます．ところが，D 点のように AD と BD の距離が，半波長分だけ違う点では，A と B から山と谷（あるいは谷と山）が来るため，波は弱められて暗くなります．この性質は，2 つのスリット（すじ）より，多数のスリットの方がより強められます．多数のスリットをつけたガラス板は光の分光計に用いられ，光の波長を求めるのに使われています．

まとめますと，A と B から出た光の行路の差，**行路差** Δl が，光の波長 λ（ラムダ）の整数倍の時，明るくなり，波長の整数倍＋半波長 $\left(\dfrac{\lambda}{2}\right)$ の時，暗くなります．式で書くと

$$\Delta l = n\lambda \quad \cdots\cdots\cdots \text{明}$$

$$\Delta l = n\lambda + \frac{\lambda}{2} \quad \cdots\cdots\cdots \text{暗}$$

(4·16)

（n は整数）

となります．

20Hz〜20000Hz！

4·8 | 耳はどんな音を聴けるのか

美しい音楽を聴いて感動する耳．耳は訓練すれば，かなり微妙な音の違いを聞き分けられる優れた感覚器です．私達の耳は，約 20 Hz から約 20000 Hz（20 kHz）までの音を聴くことができます．低い音は振動数が小さく，高い音は振動数が大きいのです．たとえば，88 鍵のピアノの場合，一番左の低音のキーが 27.5 Hz，中央の C 音（ド）のキーが 260 Hz，その上の A 音（ラ）が 440 Hz，その上の C 音（ド）は 260 の 2 倍の 520 Hz（1 **オクターブ**あがるごとに，振動数は

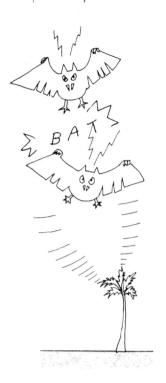

2 倍になります）とんで，一番右端のキーが 4186 Hz です．つまりピアノは約 7 オクターブの範囲の音を出せます．テレビのアナログ放送時代のことです．NHK の時報の時の"ポッポッポッポーン"という音は，始めの 3 つは 440 Hz でピアノの中央の A 音（ラ）でオーケストラが調律に使う標準音であり，別名**コンサートピッチ**といいます．最後のポーンは，880 Hz で 1 オクターブ上の A 音（ラ）です．

　人間にとって**可聴周波数**は 20 Hz から 20 kHz までの約 10 オクターブですが，犬は 15 Hz から 50 kHz までの約 12 オクターブの音を聴くことができます．また，猫は 60 Hz から 65 kHz，コウモリは 1 kHz から 120 kHz，イルカはなんと 150 Hz から 150 kHz までで，人間よりさらに 3 オクターブ上まで聴くことができるのです．人間の可聴範囲以上の高い周波数の音を**超音波**といいますが，コウモリは超音波を出して，障害物を避けて飛行し，イルカは超音波でお互いに話し合います．4·4 節で説明しましたが，波長の短い音は回折し難く，直進性が高いので，波というより粒子のような進み方をします．そのため，超音波はどこから反射してきたかがわかり易く，コウモリがうまく障害物を避けられるわけです．

休憩室

音で体の中を見る超音波診断

　耳で聞くことができないほど，振動数の大きい音を超音波といいます．超音波は，音というより速い振動といった方が良いでしょう．空気中を伝わるときは空気の振動だし，体の中を伝わるときは体の内部が振動するからです．もちろんその振幅は大変に小さいので，体で感じることはできません．音や光などの波は，波長が短ければ短いほど波が広がっていかず，粒子のような直進性を示します．この性質を利用するのが超音波による診断です．では，どうして超音波で体の内部が見えるのかその原理を説明しましょう．

　図 4·25 のように，体の中に入った超音波は，心臓の壁や筋から一部分ずつ反射されてきます（残りは透過していきます）．深い所からの反射は，時間が余計にかかるので，その反射に要する時間を計れば，反射されてきた位置（表面からの深さ）がわかります．こうして，反射

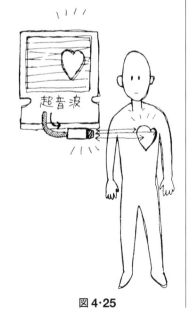

図 4·25

　波の戻ってくるまでの時間を計れば，反射するものがどの深さにあるかわかります．これを少しずつ横にずらしていけば，反射するものについての形（像）が得られます．

　こうやって，得られたデータをコンピュータを使って処理し，画面に人間のわかり易い形で表示する装置が，超音波診断装置です．この装置によって心臓の動きも見れるし，母体の中の胎児も見ることができます．また，**胆石**や**腫瘍**を探すのにも使われています．

　原理をまとめると

（1）　超音波が直進性が強いこと

（2）　体の中に入っていくこと

（3）　いろいろな組織から少しずつ反射されてくること

（4）　反射波が帰ってくる時間からその深さがわかること

が，重要な点です．また，超音波は空気に吸収されやすいので，発振器は体に密着させることも使用上重要でしょう．

　超音波は，小さい出力なら体内ではほとんど熱に変わるので体に害を与えませんし，苦痛も与えません．この点が，**超音波診断**の非常に秀れた点です．

ぼくも
超音波で
診断してもらえば
猫背がなおる
かなあ

第5章
電気と磁気の世界

I

電荷・電場・電流

5·1 | 電気とは何か

　皆さんは，日常生活の中で電気製品をたくさん使っていますが，電気とはそもそも何でしょう．これを知るには，物質を小さく分けていくことから始めねばなりません．

　たとえば，今ここに鉄棒があるとしましょう．これを細かく分けていくと，どうなるでしょう．目で見えないからわからないというのは，あまりにも単純すぎます．人間の脳は，どんなに微小なものも，どんなに巨大なものも想像し，認識する素晴らしい能力を持っているのです．あなたも想像力をたくましくして空想して下さい．

　我々がミクロの人間くらいに小さくなって，鉄棒の中に入っていくと，大きさが約 10^{-10} m の鉄の原子が規則的に並んで，鉄棒が作られているのがわかるでしょう．実は，ここまでは**電子顕微鏡**で実際に目で見ることができます．原子の中心には，大きさ約 10^{-14} m の原子核があって，そのまわりをたくさんの電子が回っています．原子核の大きさとまわりを回る電子の軌道の大きさは，1万倍ほど違っていて，もし原子核を1円玉（直径2 cm）の大きさだとすると，電子は直径200 m の運動場くらいの大きさのところを回っているわけです．その間は何もないスカスカの空間なのです．実感としてつかめますか．さて，鉄の場合には原子核のまわりを回っている電子とは別に，比較的自由に動ける電子があります．これを**自由電子**と呼びますが，これこそ電気のもとなのです．なぜなら，電子は負の電気（正しくは負の電荷とい

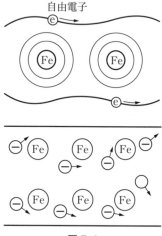

図 **5·1**

います）を持っており，これが鉄の中を動くと，電流（電荷の流れ）になるからです．鉄やアルミ等の多くの金属や水等は，この自由電子（あるいは自由に動けるイオン）を多く持っており，電気をよく通すので，**導体**と呼ばれます．人間は体内に水を多く持っているので導体であり，また同じ理由で，地面（大地）も導体です．

一方，物質によっては，たとえば紙やガラスやプラスチック等のように電気を通しにくい物があります．これらを**不導体**，あるいは**絶縁体**といいますが，これは微視的に見ると，どの電子もどれかの原子核のまわりに束縛されていて，自由電子がないのです．

ふつう，物質は原子核の＋（プラス）の電気量と電子の－（マイナス）の電気量が一致しており，総計としては電気量は0なのです．ところが，電子は容易に物質からはぎ取られたり，くっついたりしますので，物質に電気を持たせることができます．これを"**帯電させる**"と言います．エボナイト棒やガラス棒をこすると電子が移動して容易に帯電します．冬の乾燥した日にシャツを脱ぐ時，パチパチと音がします．あの音はシャツが摩擦で帯電し，放電する時の音です．ドアの金属製のノブに手を触れたとたん，ビリッとしたことはありませんか．これは体がいろいろな摩擦で帯電していて，導体に触れたとたん電流（電子）が指先から金属へと流れるためです．車が風をきって進むと，空気との摩擦で車は帯電します．このように，電子はいたるところにたくさんあって容易にはぎ取られたり，乗り移ったりします．そのたびに電荷の＋と－の和が0から多少ずれ，帯電します．この多少のずれが見かけ上の電荷の量で，今私達が考えるものです．電荷の単位は **C**（**クーロン**）で表されますが，これはMKSA単位系から作ると，1 C＝1 A×1 sのことです．数gの物質の中には，6×10^{23}個もの莫大な数の原子があり，そのまわりには必ず同じ位莫大な数の電子がいます．これらの電子の内ほんの一部，たとえば10万個に1個の割合ではぎ取られたとしても，その個数は10^{19}個にも及びます．電子の電荷eは約10^{-19} C（クーロン）ですから，これは約1 Cとなります．私達が1 Cの電荷をある物質に与えたという時，実は10^{19}個もの電子が移動しているわけです．すごいですね．

5・2 ｜ 電荷の間にはクーロンの法則による力が働く

電荷を持ったものどうしには，電気力が働くことは述べましたが，それは具体的にはクーロンの法則で書かれます．クーロンの法則は，

力学の万有引力の式と同じく大変重要なもので，電磁気学の基本的な式です．

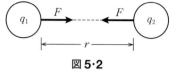

図 5・2

2つの電荷 q_1 と q_2 が距離 r だけ離れている時，両者に働く電気力の大きさ F は

$$F = k\frac{q_1 q_2}{r^2} \tag{5・1}$$

です．これを**クーロンの法則**と呼びます．おもしろいことに形は万有引力の式(**1・41**)と全く同じですね．ここで k は定数で真空の**誘電率** ε_0（イプシロン）で書くことができ，$k = \dfrac{1}{4\pi\varepsilon_0} = 9 \times 10^9 \ \mathrm{Nm^2/C^2}$ です．電荷 q_1 と q_2 が異種（＋ と −）の場合，F は引力，同種（＋ と ＋，− と −）の場合，F は斥力（反発力）です．ですから，方向を示すため力は矢印（ベクトル）で表すと良いでしょう．

▌**問題 5・1** ＋1Cと−2Cの電荷が，10 cm 離れている時の電気的な力はいくらでしょう．

▌**問題 5・2** 図 5・3 のように下側に 4 C の電荷をおき，その真上に q C の電荷を与えた質量 3 g の金属球をそっと置いたら，高さ 2 cm の所に浮いて止まりました．金属球の電荷量分はいくらでしょう．

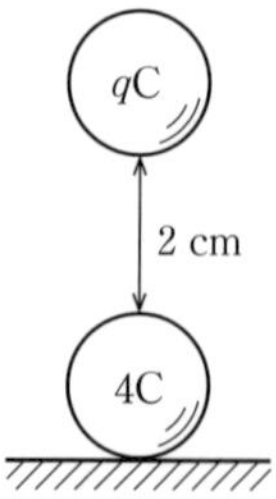

q C

2 cm

4C

図 5・3

5・3 電荷のまわりには電場ができる

電荷は互いに力を及ぼし合いますが，これを少し違った見方をして，電荷 q_1 はそのまわりに**電場** E（電界ともいう）を作り，その電場が他の電荷 q_2 に力を及ぼすのだと考えることができます．つまり，式で書くと式(**5・1**)より

$$E = k\frac{q_1}{r^2} \tag{5・2}$$

とおくと

$$F = k\frac{q_1}{r^2} q_2 = q_2 \cdot E \tag{5・3}$$

上の式は，電荷 q_1 はそこから r だけ離れた点に $E = k\dfrac{q_1}{r^2}$ の電場を作り，それが他の電荷 q_2 に作用して，$q_2 E$ の力を生じるということを示しています．電場を考えることは，単なる便宜上のことではなく，現実に電場が存在しているのでこのように考える方が正しいのです．電場は，各点で大きさも方向も違います．各点の電場の向きをつないで，1本の線にしたものを**電気力線**といいます．ある小さな正の電荷（**試験電荷**）を電気力線上に持ってくると，電気力線の方向に力を受けます．電気力線は電場の強さに比例して引きます．具体的には，電場の強さが E のところには E 本を引くことになっているので，電場が大きいところは多く，小さいところでは少なく引くことになり，電気力線の密な所は電場が強く粗な所は弱いとか，その方向など，空間全体の電場のでき方がわかり易くなります．

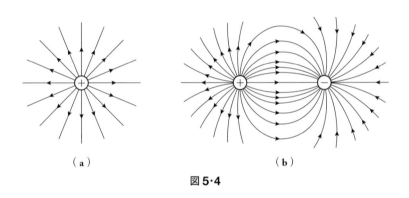

（ a ）　　　　　　　　　　（ b ）

図 **5·4**

▌ **問題5·3** 電場の単位はMKSA単位系ではどのようになるでしょう．

5·4 | 電圧は電気的力による位置エネルギーを表している

一様な電場 E の中に電荷 q をおくと，力 $F = qE$ が働きます．力学のところで学習したように，力 F に杭して A から B まで l だけ動かすには，仕事をしなければなりません．その仕事量 W は

$$W = F \cdot l = qEl \tag{5·4}$$

この $El =$（電場の強さ × 距離）を V と書いて $V = El$ を，A と B の**電位差**，または**電圧**と呼びます．$W = qV$ ですから，電位差 V の2点間で電荷 q を力に抗して動かすには qV だけの仕事をしなければなりません．この仕事量は位置だけで決まっているから，電気的な力による**位置エネルギー**と言えます．つまり，B 点は A 点より位置エネ

ルギーが qV だけ高いわけです．このことを B 点は A 点より電圧が V だけ高いといいます．もう一度繰り返しますが，電場 E は力 F と関係しており，$F = qE$ です．一方，電圧 V は位置エネルギー W と関係があり，$W = qV$ です．つまり電圧は単位電荷 $q = 1$ の時の位置エネルギーで，電場は，$q = 1$ の時の力です．混同しないように注意して下さい．

$$\boxed{\begin{array}{ll} \text{力} & F = qE \\ \text{エネルギー} & W = qV \end{array}}$$

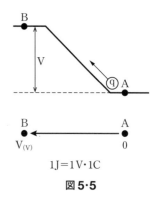

図5·5

単位は電場 E は，式(**5·3**)より N/C，電圧 V は $V = \dfrac{W}{q}$ より J/C となりますが，これを V（**ボルト**）と呼ぶことにします．1 V = 1 J/C で，1 C（クーロン）の電荷を動かすのに，1 J（ジュール）の仕事が必要な2点間の電位差が，1 V（ボルト）なのです．

微視の世界の粒子の持つエネルギーを表すのに，eV（**エレクトロンボルト**）という単位が出てきます．これは，電荷 e の1個の電子または陽子を1 V の電位差のある2点間を，力に逆らって移動させるのに必要なエネルギーのことです．電荷 e は，$e = 1.6 \times 10^{-19}$ C ですから，

$$1 \, \text{eV} = 1.6 \times 10^{-19} \, \text{CV} = 1.6 \times 10^{-19} \, \text{J}$$

という換算になります．eV は V（ボルト）がついていても電圧の単位ではなくて，エネルギー（仕事量）の単位ですから注意して下さい．

?ボルト

はら
はら

休憩室

体は電位を持っている

◉ 心電計と脳波計

皆さんは，眠っている時も脳は活動しているのを知っていますか．寝ている時も心臓や肺が動いているように，脳も活動をしています．**脳波は睡眠の深さによって敏感に変化する**ので，脳波をとると睡眠の深さもわかります．夢を見ている事が多いといわれるレム（REM）睡眠の時は，θ（シータ）波が出ていますから，すぐわかります．目を覚ましたとたん，振動数の大きな β 波が現われます．ところがおもしろいことに，座禅を組んで安静にすると α 波が現れます．

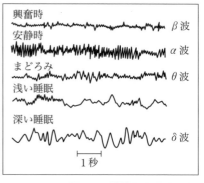

図5·6 脳波

脳が活動を始めると, 脳内の神経に電流が流れ, 脳の各部分には電位差 (電圧) が生じます. これは (10^{-5} V) ぐらいの微弱なものですが, これを増幅 (拡大) しますと, 脳波が得られるわけです.

脳波以外にも, 私達の体の中には電気を起こしている所があります. 心臓や筋肉です. 心臓や筋肉を動かす命令は, 電気的刺激によって行なわれているからです. だから, 体外から心臓に弱い電流が流れ込んだ場合, 動きを乱され, **心室細動**を起こしてしまいます. このような心

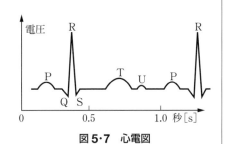

図 5·7　心電図

臓や筋肉の電位差を, 体の各点に極板をつけて計ったものが, **心電図**や**筋電図**です. 人間の場合, 脳波は約 0.05 mV, 心臓は約 0.2 mV, 筋では約 4 mV と大変微弱で, **アンプ** (**増幅器**) によってその波の振幅を大きくして, 目に見えるようにします. 心臓や脳の波形は, 周期的に繰り返される特定のパターンを持っています. ですから, これらの波形を調べることによっていろいろな病気を知ることができます.

5·5 電圧をかけると電流が流れる〔オームの法則〕

自由電子のたくさんある金属の両端に, 電池等で電圧をかけると, 金属内には電場が生じます. 電場は自由電子に力を働かせますから, 電子達は一斉に動き始めます. これが電荷の流れ, **電流**です. この電流 I は, 電圧 V に比例し,

$$V = IR \tag{5·5}$$

と表すことができます. これは, **オームの法則**と呼ばれています. ここで R は抵抗で導線の長さ l に比例し, 断面積 S に反比例します.

$$R = \rho \frac{l}{S} \tag{5·6}$$

ρ (ロー) は物質によって決まっている量で, **抵抗率**と呼ばれています.

1 V の電圧をかけた時, 1 A の電流が流れる時の抵抗の大きさを 1 オーム [Ω] (1 Ω = 1 V/A) といいます. 人間や動物の神経も電流 (イオン) が流れますが, 断面積 S が大きいほど抵抗は小さく, 電流は流れ易いわけです. 実際, 太

表5·1

抵抗率 [Ωm]	
銀	1.6×10^{-8}
銅	1.7×10^{-8}
鉄	9.8×10^{-8}
ニクロム	1.1×10^{-6}
純水	3×10^{5}
ダイヤモンド	10^{12}
ガラス	10^{12}

い神経ほど興奮の伝導速度は速く，筋も速く動かせます．

MKSA 単位では，A はアンペアであり，基本的な単位にとられています．他の物理量の単位も，MKSA で表せます．たとえば，電荷の 1 C は，1 A の電流で 1 s 間に流れる電荷の総量です．式で書くと

$$1\,\mathrm{C} = 1\,\mathrm{A} \times 1\,\mathrm{s} \qquad (5 \cdot 7)$$

なのです．一般的には $Q = I \cdot t$ です．

電流は電気の流れですが，これは水流と全く同じように考えて良いのです．水流は電流に対応していますし，水道管は電線で，水のタンクは高い所に置いて水圧（→電圧）をかけて，水を流します．水にも水位差（水圧のこと）という言葉もあり，電気に電位差（電圧のこと）という言葉がある所まで全く同じです．水を高い位置（水位）にくみ上げるのにポンプを使いますが，この役割を果たすのが電気では**電池**です．電池の中では，ポンプと同様に電子（電流）をくみ上げて，高い電位に持ち上げているのです．ですから電池の両端には，電位差が生じます．

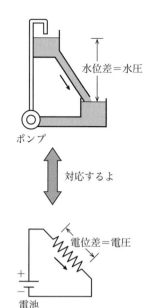

図 5·8

▌ **問題 5·4** 500 Ω の電球に 100 V をかけると，流れる電流はいくらでしょう．

5·6 │ オームの法則は電子の運動方程式より出てくる

長さ l の金属の両端に電圧 V をかけると $V = E \cdot l$ となるから，金属内には電場 $E = \dfrac{V}{l}$ ができます．この電場 E は電子達に力 F をかけて，動かそうとします．もし，電子が何の抵抗力も受けずに自由に動けるのだったら，電場による力は電子を加速度運動させるでしょう．この時は，電子の速さは次第に速くなっていきます．実際テレビのブラウン管の中ではそうなっていて，真空中で電場をかけられた電子は加速度運動をしています．しかし，導体の中は真空とは違って，原子が格子伏に並んで振動しています．ですから，電子は走るたびに原子に運動を妨げられ，加速度運動ができなくなります．この電子の

運動を妨げる力を**抵抗力**と呼びます．この抵抗力が電子の速さ v に比例し，$-kv$ であるとしましょう．質量 m の電子には，電場による力 eE と抵抗力 $-kv$ が外力として働きますから，電子の運動方程式は

$$ma = eE - kv \tag{5・8}$$

となります．この式から，速度が大きくなると抵抗力 $-kv$ が大きくなり，加速度 a が小さくなることがわかります．電流の大きさが時間的に変化しない**定常電流**の場合には，電流はどこでも同じように流れていますから，電子の平均速度は場所によらず一定です．つまり，加速度 $a = 0$ となっているのです．すると，$eE = kv$ となり，$v = \dfrac{eE}{k}$ が得られます．

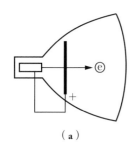

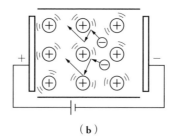

（a）　　　　　　（b）

図 5・9

水流は，水の流れが速いほど多いし，また，その水道管の断面積（管径）が大きいほど多いでしょう．ですから，電流 I も電子の速さ v，金属の断面積 S に比例し

電流 $I = 1$ 秒間に流れる電気量 (Q/t)

$= 1$ 秒間に流れる速さ $\times$ 断面積 $\times n \times e$

$$= vSne \tag{5・9}$$

（n は単位体積中の電子の個数，e は電子の電荷）

これに $v = \dfrac{eE}{k}$ を用いて，電流 I は，

$$I = enSv = \frac{e^2 nS}{k} E \tag{5・10}$$

となります．

また，E は電圧を使うと $E = \dfrac{V}{l}$ ですから

$$I = \frac{e^2 nS}{kl} V \tag{5・11}$$

となります．オームの法則より $I = V/R$ だから式(**5・11**)を V/R と置くと

ホント
にねェ

しみ
じみ

$$R = \frac{kl}{e^2 nS} \tag{5・12}$$

が得られます．この式から抵抗 R が長さ l に比例し，断面積 S に反比例することがわかります．抵抗 R が，元をただせば，原子が電子の運動を妨げる抵抗力から出てくることがわかったわけです．式(**5・6**)から，$R = \rho \dfrac{l}{S}$ だから，式(**5・12**)と比べて，抵抗率，$\rho = \dfrac{k}{e^2 n}$ が得られます．こういう所にも，ミクロに考える素晴らしさが表れています．

しゅわっち

休憩室

抵抗は温度計や血圧計にも利用されている

　抵抗は，物質によっていろいろ違っています．**半導体**といわれるものの中には，温度が1℃変わると，抵抗が5％も変わるものがあります．この性質を利用して，10^{-3} 度くらいの小さな温度変化でさえも，直ちに測定することができます．この半導体は**サーミスタ**と呼ばれ，温度計，体温計等に利用されています．

　また，曲げられたり引き伸ばされたりすると，抵抗の変わる半導体もあります．これは，小さなひずみによって抵抗が変わるので，**ひずみ計**を作るのに使われます．ひずみ計は，わずかな圧力でも測定することができますので，小さくして**カテーテル**と一緒に血管の中に入れ，そこの血圧を計ることができます．物のいろいろな性質をうまく利用すると，大変便利な物ができるのですね．

▌ 5・6・1　キルヒホッフの法則

　抵抗や電池を複数個含む回路に定常的に電流が流れている**直流回路**を考えましょう．この回路の各抵抗を流れる電流や両端の電圧を求めるには，オームの法則を拡張した**キルヒホッフの法則**を用います．キルヒホッフの第1法則は，導線の任意の点で，そこに流入する電流の和は流出する電流の和に等しい，式では $\sum_i I_i$（入ってくる電流）$= \sum_f I_f$（出ていく電流）です．

　第2法則は，任意の閉回路で $\sum_i V_i$（電池の電圧の和）$= \sum_i I_i R_i$（各抵抗の値とそこを流れる電流の積の和）です．もちろん，これは，オームの法則を含んでいて，図**5・8**のような電池と抵抗が各1個の回路の場合は $V = IR$ となります．このキルヒホッフの2つの法則を用いると，どんな複雑な回路でも，各導線を流れる電流を求めることができます．

　では，実際の解き方を示しましょう．まず，導線を流れる電流をその向きも含めて勝手に決めておきます．（もし，実際の解が，自分の

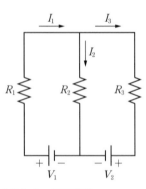

キルヒホッフの法則
（ **1** ）　回路上の任意の点で
　　流入電流の和＝流出電流の和
（ **2** ）　任意の閉回路で
　　（抵抗値×そこの電流）の和
　　＝ 電圧の和

　*式の中で，符号に注意

①電圧は，＋から－へ電池の
　外側を回る向きが正
②電流は，自分が決めた向きが
　正

　計算の結果，電流の向きが負になった時は実際の電流の流れは，自分が決めた向きと反対を意味する．

決めた向きと反対の時は，I が － （マイナス）で求まりますので心配いりません）．そして第1法則を色々な分岐点で使い，独立な関係式を求まるだけ求めます．次に，いくつかの閉回路について第2法則をあてはめ，独立な式を求まるだけ求めます．ただし，この時，符号に注意しなくてはいけません．閉回路を回る向きを勝手に決め，その向きと電流の向きが同じなら正，反対なら負とします．また電池は電池の外側を ＋ から － に向かう向きが閉回路を回る向きと同じなら正，反対なら負にとります（符号がわからなくなったら，図 **5·8** のような各1個の場合を考えて下さい）．こうして，未知数の数だけ独立な方程式を求めることができますから，後はそれを解くだけです．

5·7 ｜ コンデンサは電荷をためる容器

　水圧をかければ，水を高いタンクに押し上げてためることができるように，電圧をかけて，電荷を高い電位の所にためておくことのできる容器が**コンデンサ**です．一番簡単なコンデンサは，2枚の金属板を平行に向かい合わせた物です．これに電池をつなぐと，電荷が2枚の金属板へ流れ込みます．電荷の流れ込みは，水が水圧と等しくなる高さまで押し上げられるように，コンデンサの両端の電圧が，電池の電圧 V と等しくなる所まで続きます．つまり，コンデンサに電荷がたまり終った時，その電圧は両端にかかる電圧と等しいわけです．＋と － は引き合うため，電荷は金属板の内側の表面に集まり，この電荷の片寄りは安定しています．しかも，それぞれの金属板の中は同種の電荷だから，これらは反発しあい，電荷は一様に広がります．このために，コンデンサの内側には，極板の面積が十分広いならば一様な**平行電場** E ができます．面白いことに2板の極板の内側には電場 E ができますが外側は，正の電荷が作る電場と負の電荷が作る電場が打ち消し合って，電場ができません．つまり，外側では理想的に打ち消

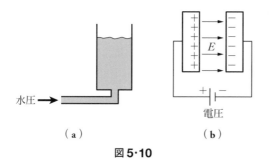

（a）　　　　　　　　（b）

図 5·10

せれば $E=0$ です. E の大きさは, コンデンサの2枚の極板の間隔を l とすると, 長さ l の間に電圧 V がかかっているから

$$E = \frac{V}{l} \tag{5·13}$$

です.

　水をためるタンクの大きさにもいろいろあるように, 電気をためる容器, コンデンサにもいろいろな大きさがあり, その大きさを表すのが**電気容量**（電気をためる容量）C です. これは, タンクの底面積にあたる量です. 電気容量 C のコンデンサの両端に電圧 V をかけた時, たまる電荷量 Q は

$$Q = CV \tag{5·14}$$

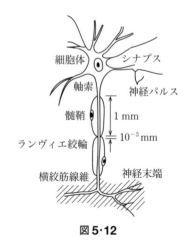

図5·11

となります. 電気容量が大きくても, また電圧を大きくしてもたまる電荷量は大きくなるわけです. 電気容量は容器の形状や間に挟む物質によって変わります. 図**5·11**のような面積 S, 平行版の間隔 l の平行版コンデンサの場合, $C = \varepsilon S/l$ です（ここで ε は物質を挟んだ時の誘電率, 真空（空気中）の場合は ε_0).

　電気容量 C の単位は, 式(**5·14**)より C/V ですが, 1 C/V を 1 F（**ファラッド**）と呼びます. 普通は, 1 V の電圧で 1 C も電荷をためることはできないので, 普通のコンデンサには μF（マイクロファラッド）（$=10^{-6}$ F）や pF（ピコファラッド）（$=10^{-12}$ F）等の単位で書いてあります. コンデンサは電気回路でたくさん使われており, テレビやラジオの**同調回路**, アンプの**増幅回路**, 自動車のモータの**始動回路**等に見られます.

　人間の**細胞膜**は, 膜の内側と外側の流動体の中に, 正と負のイオンを分離し, コンデンサのようになることが知られています. **神経細胞**の興奮の伝導の速さは, 抵抗だけでなく, この細胞膜の電気容量で変わります. 人体の中にも, 抵抗 R や電気容量 C があるわけです.

細胞体　シナプス
軸索　神経パルス
髄鞘　1 mm
ランヴィエ絞輪　10^{-3} mm
横紋筋線維　神経末端

図5·12

一休み！

■ **問題5·5**　面積 1 cm² 当たりの電気容量が 1 μF の細胞膜があったとして, その膜の両面に 0.1 V の電圧がかかった時, 膜 1 cm² 当たりに蓄えられる電荷 Q はいくらでしょう.

休憩室

コンデンサの絶縁破壊, それが雷である

　地面と上空とには電位差があり, 地球の表面には強い電場が存在しています. その強さは, 高さ 1 m 当たりに 100 V ～ 150 V にもなっています. 私達は, 巨大なコンデンサの中で生活しているようなものです. コンデンサの両端の電圧をどんどん高くしていき, ある電圧に達すると, 2 枚の金属板の間の絶縁物は破壊され, イオン化されて電流が流れ出します. 同様に, 雷雲がせっせと電荷をため込むと, 地面との間に大きな電位差が生じ, 絶縁物である空気を**イオン化**しながら, 雷雲から地面へと電流が流れ出します. これが雷です. 雷は, 大気中での**放電現象**なのです. 雷は電流はわずかですが, 大変な高電圧なので, 人に落ちたら即死する場合もあり非常に危険です. 夏山登山で雷雲が発生し始めたら, すぐに下山しましょう.

▌ 5·7·1　コンデンサの持つエネルギー

　コンデンサのことをもっと良く知るために, コンデンサに電荷を与えるためには仕事をしなければならないことを示します.

　コンデンサに電荷をためるには, たとえば次のようにできます.

　右側の極板から $+\Delta Q$ の電荷をとり, 電線を通して左側の極板に持っていくと左には $+\Delta Q$, 右は 0 から $+\Delta Q$ がとられたので $-\Delta Q$ がたまります. これを繰り返せば左側に $+Q$, 右側に $-Q$ の電荷をためれます. この ΔQ の電荷の移動は実はその時に内側にできている電場 E の坂を登るために $\Delta Q \cdot V$ の仕事をしないといけません. この電位 V はその時にたまっている電荷 Q によって変わり, $V = \dfrac{Q}{C}$ です. したがって, Q を 0 から Q までためるのに必要な仕事量 U は $U = \displaystyle\int_0^Q \dfrac{Q}{C} dQ = \dfrac{1}{2} \cdot \dfrac{Q^2}{C}$ となります.

　これがコンデンサに蓄えられているエネルギーです. これは $Q = CV$ を使うと $U = \dfrac{C}{2} V^2 = \dfrac{1}{2} QV$ とも書けます.

　このように電位 $V (= E \cdot l)$ の所に, さらに電荷をためるには押し込む力が必要で, この力が外からかける電圧 V' です. 電圧 V' がコンデンサの電位 V より大きいと, さらに電荷を押し込むことができ, すると V が大きくなります. この押し上げる力は, $V' = V$ となるまで続き, 結局コンデンサの電位は外からの電圧と同じになります.

　外からの電圧が 0 だとタンクの水が流れ出るように $+$ の電荷は電線を流れて $-$ の方向に行き, 合わさって 0 になります. コンデンサはこのように電荷を一方から一方へ外からの電圧と同じ水準まで押し上げて電荷 (とその電気的位置エネルギー) を蓄えたものです.

5·7·2 合成電気容量

電気容量 C_1 と C_2 の2つのコンデンサを直列につないだものを，1個のコンデンサでおきかえる時，一体，いくらの電気容量のコンデンサなら，同じ電圧 V をかけた時に，たまる電荷 Q を同じにすることができるでしょう．この例のように，2つのコンデンサの回路を，それと等価な1つのコンデンサとみなす時の電気容量を**合成電気容量**といいます．合成電気容量を基本的な2つのつなぎ方，**並列接続**（左図(1)）と**直列接続**の場合に求めてみましょう．まず簡単な並列接続から，この時は，2つのコンデンサ共に電圧 V がかかることに注意して下さい．したがって，C_1 には $Q_1 = C_1 V$，C_2 には $Q_2 = C_2 V$ だけの電荷がたまり，全体では2つの和 $Q = Q_1 + Q_2$ がたまります（+側に $+Q$，－側に $-Q$ がたまると言うべき所を簡単に Q がたまるといいます）．これに対し，1つのコンデンサ（電気容量を C とする）に同じく電圧 V をかけ，同じ電荷 Q がたまる時の電気容量 C は $C = Q/V$ であり，これは，$C = Q/V = (Q_1 + Q_2)/V = (C_1 V + C_2 V)/V = C_1 + C_2$ となり，合成電気容量は，それぞれの電気容量の和となります．次に直列接続（左図(2)）ですが，この時は，2つのコンデンサにかかる電圧は違いますので，それを V_1，V_2 とおきます．もちろん $V = V_1 + V_2$ です．もう1つ重要な点は，この時 C_1 の－側と C_2 の+側は，他の極板や導線と切りはなされており，外から電荷が流れこんだり流れ出したりしないという点です．電荷のかたよりは起りますが，始め0だったので，一方に $-Q$ があるともう一方に必ず $+Q$ があり，全体の和は0のままに保たれています．このため，C_1 と C_2 にたまる電荷が必ず等しくなり，それを Q とすると $Q = C_1 V_1 = C_2 V_2$ となります．これに対し，1つのコンデンサにおきかえると，両端の電圧は V で，Q がたまるわけですから，合成電気容量を C として $V = Q/C$ で $V = V_1 + V_2$ だから $V = Q/C = Q/C_1 + Q/C_2$，よって $1/C = 1/C_1 + 1/C_2$ となり，合成電気容量の逆数は，それぞれの逆数の和となります．

どんな複雑な回路も要素に分ければ，2個の直列と並列の組合せでできており，以上の並列と直列の2つの接続の公式を用いるだけで，全体の合成電気容量を求めることができます．また，電気抵抗の場合も，同様にして，合成電気抵抗を求めることができます．

2個の抵抗を直列につないだ時と並列につないだ時のそれぞれの**合成電気抵抗**は，皆さんにまかせますので求めてみて下さい．ヒントは直列接続の場合は，2つの抵抗 R_1，R_2 を同じ電流 I が流れること，並列接続の場合は，電流 I は I_1 と I_2 に分かれて流れることです．

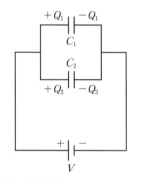

（1）並列接続

2つのコンデンサ C_1 と C_2 に同じ電圧がかかる．

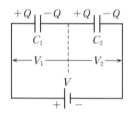

（2）直列接続

2つのコンデンサ C_1 と C_2 にたまる電荷が同じ．

C_1 の右側と C_2 の左側の電荷を足すとゼロ．

電圧は，全体にかかる．

5・8 | 電気の使用量は電力でわかる

家庭の電気製品が, どれくらいの電気を消費するかをあらわす表の中に, 消費電力が書いてあるのを知っていますか（普通, 機器の裏側に書いてあります）. たとえば, テレビは 20 ～ 30 W, 冷蔵庫は 150 ～ 500 W, 洗濯機は 500 ～ 900 W, 掃除機は 500 ～ 1100 W, エアコンは 800 ～ 2000 W 等です. この電力量 W（ワット）は

$$W = VI = 電圧 \times 電流 \tag{5・15}$$

で, 定義されますが, <u>これが 1 s 当たりに消費される電気エネルギー</u>であることは以下のようにすぐわかります. 式(**5・7**)より, $I = \dfrac{Q}{t}$ で

$W = \dfrac{QV}{t}$ となります. QV は, 電気力に対する仕事量であり, それはそのまま, 電気エネルギーだからです.

単位は 1 W（**ワット**）＝ 1 V（ボルト）× 1 A（アンペア）です. 家庭の電圧は 100 V と 200V とありますが, もし 100 V だとすると, 式(**5・14**)より 1000 W のエアコンには 10 A の電流が流れていることになります. そのエアコンに加えて 500 W の掃除機と 30 W のテレビを使うと, 合わせて 15.3 A の電流が流れることになります. 各家庭にはブレーカーというものがついていて, 電力会社と契約した以上の電流が流れようとすると切れてしまう回路（**ブレーカー**）が入っています. たとえば, 契約電流が 15 A の家庭では, 15 A 以上の電流が流れると, ブレーカーが切れて電気が流れなくなります. これは, また安全性のためでもあります. 抵抗 R の導線に電流 I が流れると, <u>発熱して導線の温度が上がります</u>. ですから, あまりに多くの電流が流れると火事を起こすことがあり大変危険ですから, ブレーカーがついていて流れる電流を制限しているわけです.

さて, なぜ導線の温度が上がるかといいますと, 電流が流れる時, 電子が導線の中で並んでいる原子とぶつかり, 電子の流れが妨げられます. これが前述した抵抗です. 電流 I が大きくなると, ぶつかる回数が増え, 原子はより大きく振動を始めるため温度が上がるのです. 抵抗 R の両端に電圧 V をかけると $I = \dfrac{V}{R}$ の電流が流れますから, 抵抗 R で<u>毎秒</u>消費される電気エネルギー W は式(**5・15**)より

$W = VI = \dfrac{V^2}{R} = RI^2$ となり, これが熱になってしまうわけで, これを**ジュール熱**といいます.

問題5·6 消費電力 1000 W のエアコンを 100 V で使用する時

（1） 流れる電流 I はいくらですか．

（2） 1 kW の電気製品が 1 時間に使用する電気エネルギー（積算電力量）は 1 kW·時（1 kWh）で表します．1 kWh は何 W·s でしょう（1 W·s ＝ 1 J です）．

使用電力量は J で表わすと数字のケタが大きくなるので，kW と時間 [h] の積の kWh を用いる方が便利です．

（3） 上のエアコンを毎日平均 10 時間使用すると積算電力量は 1 ヶ月（30 日とする）何 kWh になるでしょう．

（4） このエアコンの電気使用料金は 1 ヶ月でいくらになるでしょう．ただし，電気料金を 25 円/1 kWh とします．

5·9 | 電気ショックはアースによって避けられる

皆さんは電気のコンセントや電気製品を扱っていて，ビリッときたことがありませんか．人間は電気をよく通す導体だから，体のどこかが大地と電気的につながっている時，もし電流の流れている部分に体が触れると，体の中を電流が流れます．人間は，0.2 mA の電流から感じることができ，数 mA では痛く感じます．20 mA が数秒間流れると，心臓が心室細動を起こし危険です．これを防ぐには，**アース**を取るしかありません．

たとえば，洗濯機を考えてみましょう．洗濯機内の電線の絶縁が水やほこりのために劣化し，電気が漏れだしていたとしましょう．それを知らずに，電気の流れている金属部や水に片手を触れもう一方の手で水道管にさわると，水道管は先の方で地面とつながっているため，電流が洗濯機から人間を通って，地面へと流れますので電気ショックを受けてしまいます．これをさけるためには，洗濯機の金属部から電線を出し，一方を**接地**（アース）すると，良いのです．そうすると，洗濯機と水道管や水が同じ電位となり，もし万一電流が漏れ出したとしてもすぐにアースを通って大地へ流れていき，人間には電流が流れることがなくなりますので，安全なわけです．

人間の皮膚の抵抗は，ふつうは 100 kΩ/cm^2 くらいですが，水に濡れると 1 kΩ/cm^2 くらいに落ちます．また風呂の中では身体の抵抗は 500 Ω 位になりますし，少し汗をかいただけでも両手間の抵抗は 1500 Ω くらいになります．この両手で 100 V の電位差の物にしっかりと触

れたとすると，$I = \dfrac{V}{R} = \dfrac{100}{1500} = 67\ \text{mA}$ もの電流が流れることになり，大変危険です．水に濡れて電気を扱う場所は要注意です．ですから，洗濯場だけでなく，風呂場，炊事場の電気製品はアースを取るべきです．オーブンレンジも高電圧を使用するので，アースをするべきでしょう．

　次に，病院の手術室のことを考えてみましょう．患者に電流が流れるいろいろなケースが考えられます．ふつう，患者は金属製のベッドに寝かされ，ある場合は心電計や脳波計をつけられており，電流が流れるような状態になっております．ですから，患者につけられるまわりのいろいろな医療機器のうち，どれかの機器のアースが不良な場合は，その機器の電位が 0 にならず，電流が患者に流れてしまいます．また，アース不良の機器が直接患者につけられていなくても，医師や看護婦が一方の手でその機器に触れ他方の手で患者に触れたりしますと，医師や看護師を通して患者へと電流が流れ込みます．心臓は，電流が直接に心臓に流れ込む場合は $20\ \mu\text{A}$（$20 \times 10^{-6}\ \text{A}$）というほんの微小な電流で心室細動を起こします．もし，医者が心臓に触れていて，電流が流れ込んだ場合，医者にとっては全く感じないような微小電流でも，患者の心臓が止まることさえあり得ます．このようなミクロな電流によるショックをミクロショックといいます．患者はものを言うことをできず全くの無抵抗の状態なのに，ビリッビリッと電流を流し込まれてはたまりませんね．これを避けるためには，すべての電気機器のアースを完全にとっておくことが必要です．

　交流電流の場合は，絶縁が劣化していなくても，電気容量 C を通って流れ出すという直流とは違った面があります．しかしこの場合にも，完全にアースをとって，すべての機器を同じ電位にしておくことが重要です．交流の流れ方については，5·13 節を参照して下さい．

II

磁荷と磁場

5·10 | 磁荷のまわりには磁場ができる

ドアやケースのふたで，すいつかれるように閉まるものがあります．たねを明かせば，**磁石**を使っているのです．今頃の黒板（またはホワイトボード）は，磁石がくっつくように鉄製のものが多いです．皆さんも幼い頃，磁石で遊んだものでしょう．皆さんよく御存じのように，磁石は必ずNとSが対で現れます．磁石を2つに切っても，また，両端にはNとSが現れます．磁石の両端には**磁荷**というものを考えることができ，同種の磁荷は反発しあい，異種の磁荷は引き合います．その力Fは，2つの磁荷をm_1，m_2とすると（磁荷はWbウェーバーという単位で表します），

$$F = k' \frac{m_1 m_2}{r^2} \qquad (k' = 6.33 \times 10^4 \text{ Nm}^2/\text{Wb}^2) \qquad (5\cdot16)$$

と表せます（rは2つの磁荷の間の距離です）．これは電荷に働く力を表すクーロンの法則と全く同じ形です．定数k'は真空の**透磁率**μ_0を用いて，電気の場合と同様な形に$k' = 1/(4\pi\mu_0)$と書けます．$\mu_0 = 1/(4\pi \times 6.33 \times 10^4) = 4\pi \times 10^{-7} \simeq 1.26 \times 10^{-6} \text{ [Wb}^2/\text{Nm}^2]$です．

電気と磁気の基本法則が全く同じ形なので，電気と磁気には，同様な概念が成り立ちます．たとえば，**電荷**と**磁荷**，**電場**と**磁場**，**電気力線**と**磁力線**，**電束密度**と**磁束密度**，**電位**と**磁位**などです．

電荷のまわりに電場ができるように，磁荷のまわりには**磁場** H（磁界ともいう）ができます．

$H = k' \dfrac{m_1}{r^2}$ とおいて，

$F = m_2 H$

この式は，電場の時と向じように磁荷 m_1 によって磁場 H が生じ，その磁場が，磁荷 m_2 に力 $m_2 H$ を及ぼすと

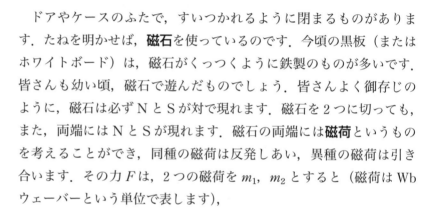

図 5·13

理解できるでしょう．磁場の時も，力の働く方向にそって磁力線を
N極からS極へ向かって引くことにすると磁場のでき方が一目瞭然
にわかり便利です．

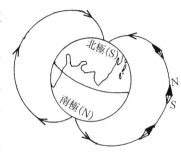

　地球は巨大な磁石で，その磁場は結構強いものです．ですから，**磁
針**（これは磁化された針状の鉄）の両端の磁荷が，地球の磁場によっ
て力を受け，南北をさすのです．力は，**磁力線**の方向に働くので，磁
針は赤道以外では，地表と水平ではなく傾きます．事実，北極，南極
では，磁針は完全に立ち上がります．地球の磁場は，右図のように北
極の方に磁針のNが向くので，S極があり，南極にN極があること
になります．地球の磁場のN極，S極は，地球ができて以来，何度
も入れ替わったらしい証拠があるのです．おもしろいですね．

　電気力線の場合と同様に磁力線の粗密は磁場の強さに比例してお
り，磁力線の束の密度を表すために**磁束密度**を $B = \mu_0 H$ で定義しま
すと $B = m/4\pi r^2$ となります．これは，磁荷 m から m 本の磁束線を
引くことにしておきますと，B は m 本の磁束を半径 r の球の全表面
積 $4\pi r^2$ で割ったものであり，確かに，単位面積当たりの磁束の密度
になっていることがわかります．

5·11 │ コイルは磁石と同じ磁場を作れる

　磁石は，図 **5·14** のような磁場を作りますが，導線をくるくると円
筒状に巻いた**コイル**に電流を流すと，これと全く同じ磁場ができま
す．円形の電流にも直線の電流にも，磁場は図 **5·14**(**c**)のようにで
きます．このようにコイルは磁石とは全く同じ役割をしますから，磁
石どうしに力が働くように，コイルどうしもコイルと磁石も引き合っ
たり反発したりします．コイルで作った磁石は**電磁石**と呼ばれ，いろ
いろな磁場を作るのに利用されています．

　今，電磁石をうまく使って，図 **5·15** のように下から上へと一様な磁

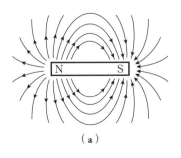

（a）

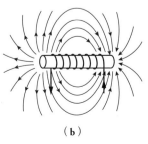

（b）

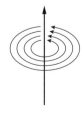

（c）

図5·14

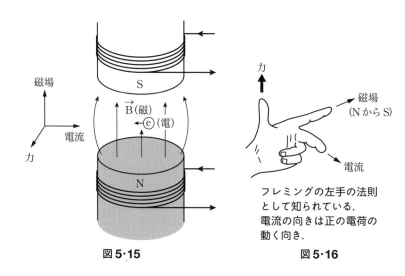

磁場

電流

力

S

$\overrightarrow{B}$(磁)

← e (電)

N

図 5・15

力

磁場
(N から S)

電流

フレミングの左手の法則
として知られている.
電流の向きは正の電荷の
動く向き.

図 5・16

場 $\overrightarrow{B}$ を作ったとしましょう.
そこへ電荷 e(負)を持った電
子が速度 v で右から左へ走っ
た時,電子は紙面の前面の方
に

$$F = evB \qquad (5・17)$$

の力を受けます.これを**ロー
レンツの法則**といい,この力
を**ローレンツ力**といいます.

力の向きを知るには,左手
を図 5・16 のように,中指に
電流,人差指に磁場の方向を
合わせた時,親指の向く方向が力の方向です.「左手,中より電・磁・
力」と覚えると良いでしょう.ただ,電子は負の電荷だから,電流の
向きは電子の流れの方向と正反対であることに注意して下さい.

⦿ $\overrightarrow{v}$ と $\overrightarrow{B}$ が直角でないようなもっと一般的な場合

電荷 e を持った粒子が,速度 $\overrightarrow{v}$ で磁場 $\overrightarrow{B}$ の中を走る時に受ける力
$\overrightarrow{F}$ は,ベクトルの外積を使って,

$$\overrightarrow{F} = e\overrightarrow{v} \times \overrightarrow{B} \qquad (5・18)$$

と書くことができます.$\overrightarrow{F}$ の大きさ F は($|\overrightarrow{v}| = v$, $|\overrightarrow{B}| = B$, $|\overrightarrow{F}|$
$= F$ と書くと)

$$F = evB \sin \theta \qquad (5・19)$$

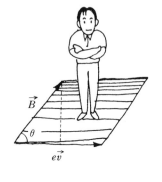

θ は $e\overrightarrow{v}$ と $\overrightarrow{B}$ の間の角度で,この外積の大きさは,図形的には $e\overrightarrow{v}$ と
$\overrightarrow{B}$ で作る平行四辺形の面積になります.$e\overrightarrow{v}$ と $\overrightarrow{B}$ が直角($\theta = \dfrac{\pi}{2}$)
の時は $F = evB$ となり,式(5・17)と一致します.力の方向は,「左手,
中より電・磁・力」で示される親指の方向です.

図 5・14(b)や(c)の電流が作る磁場は,もっと基本的には,微小電
流が作る磁場の和(ベクトル和)で与えられるのです.この基本の法
則は,**ビオ・サバールの法則**と言われ,以下のように,微小電流 $I\overrightarrow{\Delta s}$
が r だけ離れた点に作る微小な磁場 ΔH は,$I\overrightarrow{\Delta s}$ と $\overrightarrow{r}$ の外積(×)で
表わされます.ここで $\overrightarrow{r}$ は,微小電流から r の点まで引いた位置ベク
トルです.

$$\overrightarrow{\Delta H} = \frac{1}{4\pi} \frac{I\overrightarrow{\Delta s} \times \overrightarrow{r}}{r^3} \quad \left(\begin{array}{l}\text{微小な長さの電流 } I\overrightarrow{\Delta s} \text{ が } \overrightarrow{r} \text{ 離れた点に}\\\text{作る微小な磁場 } \overrightarrow{\Delta H} \text{ を与える式}\end{array}\right.$$

もう一度,この外積の方向と大きさについて説明します.方向は,

外積の説明図のように，左手で，中指に電流の流れる方向を取り，$\vec{r}$ の方向に人差し指を合わせると，親指の方向が磁場の向きです．その大きさは，微小電流 $I\Delta\vec{s}$ と位置ベクトル $\vec{r}$ を2辺とする平行四辺形の面積で $|I\Delta\vec{s}||\vec{r}|\sin(\theta)$，$\theta$ は，二つのベクトルのなす角です．なお内積の方は，スカラーで大きさしかありません．

外積 $\vec{c} = \vec{a} \times \vec{b}$ の説明図

　ここで少し，磁気で用いられる単位を整理しておきましょう．磁荷の単位は Wb だから，式(**5·16**)より $[k'] = \mathrm{Nm^2/Wb^2}$，$[\mu_0] = 1/[k'] = \mathrm{Wb^2/N\cdot m^2}$，磁場 H は $F = mH$ より $[H] = \mathrm{N/Wb}$，また，磁束密度 B は $B = \mu_0 H$ より $[B] = \mathrm{Wb/m^2}$ です．これ等の単位はもちろん MKSA 単位系で書くこともできます．

　磁荷の単位 Wb は，ビオ・サバールの法則より $\mathrm{N/Wb} = \mathrm{Am^2/m^3}$ の関係が得られ，$1\,\mathrm{Wb} = 1\,\mathrm{N\cdot m/A} = 1\,\mathrm{J/A}$ となります．これを用いると，上の物理量は，$[k'] = \mathrm{A^2/N}$，$[\mu_0] = \mathrm{N/A^2}$，$[H] = \mathrm{A/m}$，$[B] = \mathrm{N/A\cdot m}$ と書くこともできます．なお磁束密度 B の単位は新しく T（**テスラー**）と呼び $1\,\mathrm{T} = 1\,\mathrm{N/A\cdot m}$ で，CGS emu 単位系のガウスとは $1\,\mathrm{T} = 10000$ ガウスの関係となっています．

　磁束密度の単位 T（テスラー）は磁石の強さを表すのにも使います．地球の磁場は $30 \sim 60\,\mu\mathrm{T}$，事務用品のマグネットの磁場は，約 $5\,\mathrm{mT}$，強力なネオジム磁石の磁場は $1.25\,\mathrm{T}$ もあります．

5·12 | 磁場は電子の運動を曲げる

　磁場の中を運動している陽子のような電気を持った粒子は，常にその進行方向と直角に力を受けますから，軌道を曲げられていきます．広い空間に磁場を作ることができれば，その中で粒子に**円運動**をさせることもできます．円運動をしている粒子に，さらに電場を上手にか

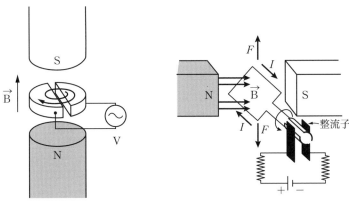

図 5·17　加速器　　　　図 5·18　直流モータ

けてやれば，粒子を**加速**させることもできます．この原理を利用したものが，**サイクロトロン加速器**です．サイクロトロン加速器は，素粒子物理学の研究のためだけではなく，医療の現場でも使われることが多くなりました．この話は，MRIの所や放射線治療の所で詳しく述べます．

モータが回る理由も，実はこのローレンツの法則によるのです．2つの磁石を，図5·18のように並べ磁界Bを作ります．その中に，導線でループを作り，電流を流すと，電・磁があるから力が生じます．その力は，導線を回そうとする向きに働きます．この回転がいつでも同じ方向に起きるように，**整流子**というものをつけたものが，直流モータなのです．

休憩室

血流状態を見れる MRI（磁気共鳴造影法）

脳内の血流状態が見れたら，脳内の動脈瘤や脳内出血，ガン等が発見できて，大変有用です．そんなことができる装置がMRI（Magnetic Resonance Imaging）です．

MRIは，もともとは物理の研究のために使われていたもので，物理の機器が医学へ転用された1つの良い例です．この原理を理解するには，微視的世界の知識と電磁気の知識が必要です．

体の中には水がたくさんあります．水 H_2O の分子にある水素Hの原子核は，小さな小さな磁石と同じ磁場を作ります．つまり，小さな磁石と同じです．これを**磁気モーメント**といいます．これに体外から非常に強い磁場をかけ，さらに高周波の電場をかけると，水素原子核の磁石は図5·19のような首振り運動を起こします．そして，体外にコイルを置く

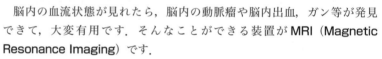

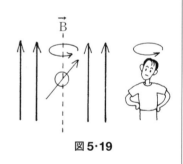

図5·19

とコイルに対して磁石が近づいたり遠ざかったりするので，コイルに**誘導起電力**が生じます．これを計って，水分子のある位置と量をコンピュータを使って計算し，画像にして見せてくれる装置がMRIです．または，**NMR‒CT**（Nuclear Magnetic Resonance-Computed Tomography）とも呼ばれています．水素原子核は水分子に含まれ，水分子は血液に多く含まれているので，MRIを使うと血流や水を含む臓器が見えることになるわけです．MRIは心臓の病気や，脳，子宮，卵巣のガンや病変，骨折，関節の異常など多くの疾患を発見できます．何よりも放射線の被爆がなく，安全なことも優れた点でしょう．ただ非常に強い磁場をかけるので，ペースメーカーや人工心臓や人工内耳が埋めこまれている人，入れ歯，刺青のある人は受けれない事もあります．

III

交流

5·13 | 電流には直流と交流とがある

電流には，**直流**（DC）と**交流**（AC）の2種類があります．電池を電線につないで電流を流す時には，直流です．今までの節では，電流は直流だとしてきましたが，ここで少し交流の事も考えてみましょう．発電機を水力等で回して電圧を作ると，＋と－が時間と共に繰り返して起こる交流が得られます．交流を整流することによって，直流に直すこともできます．

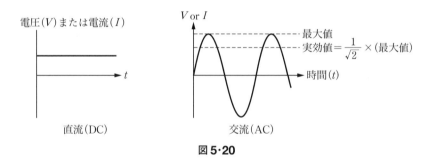

図 5·20

家庭にきている電圧は交流です．交流の場合，電圧は時間と共に次々と変化していきますから，電圧 100 V というのは，実はその**実効値**（電圧の2乗の平均値のルート）なのです．電圧の実効値が 100 V という時，その最大値は 140 V です．

電気製品には，直流で動かすものと交流のものと2種類あります．時計や計算機は直流が多く，家庭電気製品には交流のものが多いです．冷蔵庫，クーラー，掃除機，テレビ等がそうです．

じつは，日本の電気の交流の周波数は，静岡県富士川と新潟県糸魚川を境に，西日本では 60 Hz，東日本では 50 Hz と二つにわかれています．ですからモーターなど周波数に依存して回り方が違うものは注意が必要です．ただ，最近の電気製品は，周波数を変換することので

きるインバーターを内蔵しているので, どこで使うか, 地域の問題は
ない製品が多いです.

5·14 交流は直流とは性質が違う

　交流は, ＋ と − が次々と入れかわります. 最も簡単な交流は各家
庭に来ている商用電流で, 正弦波の形をしており,

$$V = V_0 \sin(\omega t + \phi_1), \quad I = I_0 \sin(\omega t + \phi_2) \qquad (5·20)$$

の形に書くことができます.

　交流の流れ方は, 直流とはかなり違います. 直流の時は, 抵抗 R
が大きいほど直流は流れにくく, またコンデンサは流れません. コイ
ルは流れます. ところが交流の場合, 抵抗は流れますが, コンデンサ
はその容量 C が小さいほど流れにくく, コイルは自己インダクタン
ス L が大きいほど流れにくいのです. この違いについて, なぜなの
か少し考えてみましょう.

　まず, コンデンサです. コンデンサに直流をかけた瞬間は, ＋ と
− の電荷が両側にたまる (**充電**される) までは, 電荷が移動するの
で電流は流れます. ですが, 充電が終るともはや電荷は移動せず電流
は流れません. 交流の場合は, 次の瞬間に ＋ と − が逆転しますか
ら, 今までたまっていた電荷とは違う符号の電荷がコンデンサにたま
り始めます. ここでも電荷の移動があり, 電流は流れます. また, 次
の瞬間は逆転が起こり……という具合に, 次々と起こる逆転のため
に, 常に電荷が行ったり来たりしており, これが交流電流になるわけ
です.

　コイルの場合は, 交流をコイルに流すと, **誘導起電力** $V = L\dfrac{\Delta I}{\Delta t}$
が逆向きに生じ, この電圧が電荷の流れを妨げようとします. この場
合, **自己インダクタンス** L が大きいほど, 交流は流れにくいのです.

　5·8 節で電力のお話をしましたが, $W = VI$ は直流の場合はこのま
ま成り立ちますが, 交流の場合は多少の注意がいります. 交流の場合
は, V も I も振動しているので, 式(5·20)を式(5·15)に代入して,

$$W = V_0 I_0 \sin(\omega t + \phi_1) \sin(\omega t + \phi_2)$$

$$= \frac{1}{2} V_0 I_0 \{\cos(\phi_1 - \phi_2) - \cos(2\omega t + \phi_1 + \phi_2)\} \qquad (5·21)$$

となります. サインの積の書き換えは, **p.160**の 付録 **2** の公式を見
てください. { } の中は, もし電圧と電流の位相 ϕ_1, ϕ_2 が等しい
時は $\{1 - \cos(2\omega t + 2\phi_1)\}$ となり, 時間的平均は 1 ですが, **位相差**

$(\phi_1 - \phi_2)$ が $90°\left(\dfrac{\pi}{2}\right)$ の時は，$\left\{0 - \cos\left(2\omega t + 2\phi_1 + \dfrac{\pi}{2}\right)\right\}$ となり，時間的平均は 0 になってしまいます．電燈のフィラメントや電熱器のニクロム線などでは，インダクタンス L が小さく，位相差は 0 に近く $W = VI = \dfrac{V_0}{\sqrt{2}}\dfrac{I_0}{\sqrt{2}}$ となりますが，電磁石のように L の大きいものでは位相のずれは大きく，一般には $0 \leqq W \leqq VI$ となります（V と I は実効値で，最大値 V_0，I_0 の $\dfrac{1}{\sqrt{2}}$ です）．

休憩室

電気と力学は対応する

電気と力学の式の多くは，全く同じ形をしており，おもしろいことに次の置き換えによって，対応をつけることができます．

位置 x	←→	電荷 Q
速さ v	←→	電流 I
力 F	←→	電圧 V
質量 m	←→	インダクタンス L

たとえば，コイルを考えますと，コイルでは $V = L\dfrac{\Delta I}{\Delta t}$ という式が成り立ちますが，置き換えをしますと，ちょうど力学の $F = m\dfrac{\Delta v}{\Delta t}$ と同じ形になります．物体には慣性があって，力を加えてもすぐには動きませんし，物体の速さを変化させる時には，慣性質量 m に比例した力が働いています．電気の場合も全く同様です．電荷にも慣性があって，電圧 V を加えてもすぐには電荷は移動しませんし，電荷の動く速さ（電流）を変化させる時には，慣性 L に比例した電圧が働くわけです．

コンデンサでは $V = \dfrac{1}{C}Q$ $(Q = CV)$ ですが，これは上の置換をすると $F = \dfrac{1}{C}x$ となり $\dfrac{1}{C} \equiv k$ とおくと，$F = kx$ で，コンデンサはバネに置き換えられることになります．電圧 V をかけると電荷が Q だけたまるのは，バネに力 F を加えると x だけ伸びるのと対応しているわけです．抵抗でおなじみのオームの法則 $V = RI$ は，V と I を F と v に置き換えると $F = kv$ となり，これは速さに比例する力学的抵抗力に対応しています．このように，電磁気と力学のいろいろな式は置き換えによって対応がつきます．その応用の一例をあげてみましょう．バネを x だけ伸ばした時にバネが持っているエネルギーは $\dfrac{1}{2}kx^2$ ですから，対応関係からコンデンサに電荷が Q だけたまった時に，コンデンサが持っているエネルギーは，$\dfrac{1}{2}\dfrac{1}{C}Q^2 = \dfrac{1}{2}QV$ となります．逆に，力学の複雑な問題を電気に置き換えて解くこともできます．おもしろいですね．

5·15 ｜ 時間的に変化する電場と磁場が電波を作る

　電場と磁場のお話をしてきましたが，歴史的には，電場と磁場について
の多くの発見（ガウスの法則，ファラデーの法則，ビオ・サバールの法則，アンペールの法則など）が相次いだ後，ついに，1864年に**ジェームズ・クラーク・マクスウェル（英国）**が，すべての法則を4つのきれいな式にまとめることに成功しました．これは，マクスウェル方程式と呼ばれていて，電価によって電場ができることや，電流の周りに磁場ができること，それだけでなく電場が変化すると磁場ができること，逆に，磁場が変化すると電場ができることなどを記述しており，真空中を（大気中も）電磁場が光速で伝搬することが導かれます．

　つまり，アンペールの法則で電場の振動が磁場の振動を生成，ファラデーの法則で磁場の振動が電場の振動を生成し，波動方程式に従って「電磁場」の振動が波として空間を伝わり，その速度は光速ということが示せたのです．光の正体は電磁波だったのです．みなさんは「電波」と呼んでいますが，正確には，上のように電場と磁場が進行方向に対して横向きに振動する「電磁場（横波）」です．

休憩室

夢をかなえてくれる高温超伝導

　1987年，全世界で**高温超伝導**のフィーバーが起こりました．より高い温度で超伝導を実現させようと，いろいろな試みがなされ，次々に新素材が発表されていきました．これほどの大変なフィーバーぶりも当然で，もしも室温で超伝導になる素材が発見されれば，いくつもの夢がかなうからです．

　そもそも超伝導とは，1911年カメルリング・オネスが発見したもので，金属を絶対0℃（−273℃）付近まで冷やしていくと突然，電気抵抗が0になる現象を言います．電気抵抗が0だと電子が流れていくのに何の抵抗もなく，熱も発生しません．ですから，電子の運動エネルギーは少しも変わりませんので，いったん流れ始めた電流は，永久に流れ続けることになります．

　私達が今使っている電線は，小さいながらも電気抵抗がありますので熱が発生して，電流は流れていくにしたがって，どんどん減っていきます．たとえば，家庭に送られる電気の送電線では，電力会社が送り出した電力のうち，約半分は熱になって逃げてしまい，残りの半分がやっと届くというわけですが，これが超伝導線だと100％が家庭へ届きますから，電気代も安くなるというわけです．また，超伝導線でコイルを作ると従来のものより，小型で強力な電磁石を作ることができます．これを医療のMRI（磁気共鳴造影法）用に使えば，より精密で高画質の像が得られますし，列車を10cmほ

ども浮かすことができますから，リニアモーターカーにも使えます．超伝導のその他の利用法としては，超伝導船（この船はスクリューがなくても進みます），飛行機の超伝導発射台，超伝導電力貯蔵，超伝導コンピュータ等々が考えられ，工夫次第で大変おもしろい物が作れる可能性があります．

　もちろん，これを可能にするには，約20℃（室温）でも超伝導になる素材の発見が重要です．今のところ，まだこうしたものは発見されていませんが，そのうちにきっと作られるでしょう．

第6章
放射線と微視の世界

6·1 物質の微視的階層と4つの力

　今ここに，1滴の水があります．今からこれを小さく小さく分解していき，どんなものによって構成されているか，またそれらに働いている力は何かを見ていきましょう．

　水はミクロに見ると，水の分子（H_2O）からできており，H_2O は水素（H）と酸素（O）の原子を単位にしてできています．原子は原子核とそのまわりを回っている電子でできていますが，どうして電子は原子核から離れないのでしょう．その理由は，電子は負の電荷を持っており，原子核は正の電荷を持っているために電子が原子核に引っぱられているからです．すなわち，2つの電荷の間には力が働くのです．この力はすでに登場した**クーロン力**です．もっと一般的には**電磁力**と呼ばれています．太陽のまわりを惑星が回っていますが，これが2つの質量に働く万有引力（重力）のためであるのと全く同様に，電磁力によって電子は原子核のまわりを回っています．2つの違いは，重力が同種の質量に対し引力になるのに対し，電磁力は同種の電荷に対し斥力で，異種の電荷（＋と－）に対し引力となる点です．また，電磁力はそれほど強くないので，容易に電子は原子核から引き離されます（電子をはぎとられ帯電した原子や分子を**イオン**といいます）．

　さて，次に原子核を分けたらどうなっているのでしょう．原子核は，正の電荷を持った**陽子**と電荷0の**中性子**とからできています．陽子と中性子は，ほぼ同じ質量で電子の1840倍も重いので，軽い電子の方が原子核のまわりを回っているのです．陽子数 Z と中性子数 N の原子核は，原子番号 Z で質量数 Z＋N の原子核を表します．たとえば，水素は Z＝1，N＝0，重水素は Z＝1，N＝1，α 粒子（ヘリウムの原子核）は Z＝2，N＝2 等々です．

　重い原子核は多くの陽子と中性子を含みます．たとえば，ウラン ^{238}U は92個の陽子と238－92＝146個の中性子を含んでいます．さて，ここで大きな疑問があります．正の電荷を持った陽子が92個も原子核の中に閉じ込めることは，どうしてできるのでしょう．正の電荷どうしには電気的な反発力が働くので，バラバラになるはずでしょう．この謎を解いたのは，**湯川秀樹**です．彼は1949年にこの研究で日本人としては初めて，ノーベル賞を受賞しまし

分子

原子

原子核

核子

クォーク

?

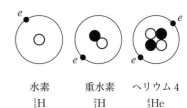

水素　　　重水素　　　ヘリウム4
$^1_1$H　　　$^2_1$H　　　$^4_2$He

図6·1

た．湯川博士は**核子**（陽子と中性子をまとめてこう呼びます）の間には，電気的反発力よりずっと強い引力が働いていることを示し，これを**核力**と呼びました．核力は非常に強いので，原子核はなかなかバラバラに壊れません．しかし壊れた時には，大きなエネルギーを出します．クーロン力によるエネルギーは $1\,\mathrm{eV}$（$1\,\mathrm{eV}$ は，電荷 e を持った粒子が電位差 $1\,\mathrm{V}$ を移動して受けとるエネルギーで $1.6\times10^{-19}\,\mathrm{J}$）のケタの大きさですが，核力によるエネルギーはその百万倍で $1\,\mathrm{MeV}=10^{6}$ eV のケタです．だから，電子をやり取りする**化学反応**は簡単に起こるけれど，核子をやり取りする**原子核反応**はなかなか起こらないのです．

さて，核子はさらにクォークと呼ばれる３個の粒子でできています．では，クォークはさらに分けられるでしょうか．今のところ，この問には答えられません．これは現代物理の大きな問題なのです．

クォークや電子等のように，物質を構成する基本的な粒子を**素粒子**と呼びます．現在では，粒子を加速器を使って作り出すことができ，数百種類もの寿命の短い粒子（できたとたんに他の粒子に壊れてしまう粒子）が見出されています．微視の世界の粒子にはもう１種類の力，素粒子に β 崩壊を起こさせる**弱い力**と呼ばれる力があります．ところが最近，この力が元は電磁力と同じであることが証明され，世界中を驚かせました．

今，物理学の研究者は，電磁力，弱い力，強い力（核力），重力の４つの力はすべて，１つに統一されるのではないかと信じて，精力的に研究を進めています．そのうちに，素晴らしい大発見が出るでしょう．

基本的な４つの力

休憩室

電子は２つのスリット（すき間）を同時に通れる（量子力学の世界）

私達は，２つのドアを同時に通り抜けるなんてことはできませんよね．ところが，電子や核子などの微視的世界の粒子たちはそれができるのです．実は，微視的世界では，粒子は波と同じふるまいをするからなのです．皆さんは，光が２つのスリットを同時に通って干渉し，明暗のしまを作ることを知っているでしょう．電子や核子も全く同様に２つのスリットを同時に通り，干渉して強弱のしまを作ります．微視的世界のあらゆるもの，光や電子や核子は，波のようにふるまい，観測すると粒子として見出されるものなのです．こういう微視的粒子の力学は，ニュートン力学ではなくて，20世紀になって発展した**シュレディンガー方程式**を基礎とする**量子力学**です．量子力学では，粒子の存在の確率を表す波（**確率波**）をシュレディンガー方程式によって解くことができます．この確率波が２つのスリットを同時に通り，干渉して強弱のしまを作るわけです．皆さんは原子の図で，軌道が書いてあ

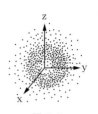

るのをよく見るでしょう. あれは厳密に言うと間違った図で, 本当は確率波 (**波動関数**) のその点での大きさを書くべきなのです. もし, それを点の密度で表すとすると図 **6·2** のような, 確率の雲みたいな図になります. 密度の最も大きいところをつないで1本の線で表したものが, よく見る軌道の図なのです.

図 **6·2**

さて, 軌道が波で表されると, 波が安定に存在できる軌道が<u>とびとび</u>にできます. その軌道のエネルギー準位もとびとびになり, 電子のとれるエネルギー準位は, もはや連続ではなくなります. 電子はエネルギーをもらって, エネルギーが上の軌道に励起できます. しかし, 励起状態は不安定で電子はやがて光を出して, 下の空いている軌道に落ち, <u>安定な状態へ移ります</u>. この時, 電子が光とやりとりするエネルギーの大きさは連続ではなく, とびとびにあるエネルギー準位の<u>差</u>のエネルギー分です. このようなエネルギーのかたまりを**量子** (quanta) というところから, **量子力学** (quantum mechanics) という言葉が生れました. 量子力学は原子や分子だけでなく, 原子核の内部の構造を記述するのにも用いられています.

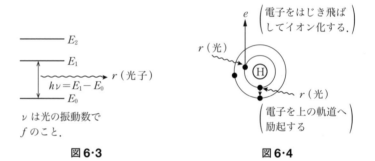

$$h\nu = E_1 - E_0$$

ν は光の振動数で f のこと.

図 **6·3**

電子をはじき飛ばしてイオン化する.

電子を上の軌道へ励起する

図 **6·4**

表 **6·1**

4つの力のまとめ			
	強さ	作用範囲 [m]	交換粒子
強い力	0.2	10^{-15}	グルオン
電磁力	10^{-2}	∞	光 子
弱い力	10^{-5}	10^{-18}	弱ボソン
重 力	10^{-39}	∞	重 力 子

6·2 放射線はどこから出てくるのか

放射線とは, 高速で走っている粒子のことです. たとえば, α 線は ^{4}He の原子核, β 線は電子, γ 線は波長の短い光のことです. その他にも, 陽子の流れの陽子線, 中性子の流れの中性子線等があります.

これらは，**6·1** 節でお話した微視の世界に登場する粒子達で，普通は原子核の中にいます．ところが，原子核どうしの衝突などの強いショックで原子核が壊れると，中に閉じ込められていた粒子がバラバラになって，外へ飛び出してきます．ですから原子核を次々と連鎖的に衝突させて，莫大なエネルギーを出させる**原子爆弾**や，その衝突をうまく制御して少しずつエネルギーを取り出す**原子炉**からは，多量の放射線が放出されます．

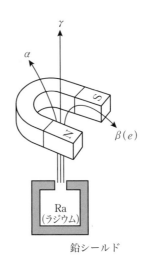

図6·5

磁場はN極からS極に向くので，図 5·16 のフレミングの左手の法則により正の電荷のα粒子は，奥側に曲がる．
皆さんも，図 5·16 を見て，α線とβ（電子）線にかかる力を当ててみてください．

表6·2

	正体	質量	電荷
α	He の原子核	$4 \times$ 核子質量	$+2$
β	電子	$\dfrac{1}{1840} \times$ 核子質量	-1
γ	光子	0	0

ただし，核子質量 $= 1.67 \times 10^{-27}$ kg

　原子核どうしの衝突などの核反応で作られた原子核の中には，長時間たっても他の原子核へ崩壊しない安定な原子核と，不安定な状態にあってひとりでに壊れて，より安定した状態へ移っていく原子核とがあります．たとえば，宇宙線の中の中性子は地球の上空で，大気中の安定な窒素 ^{14}N と反応して $^{14}_{7}\text{N} + ^{1}_{0}n \longrightarrow ^{14}_{6}\text{C} + ^{1}_{1}\text{H}$ となり ^{14}C を作り出しますが，^{14}C は**不安定核**であり，半減期 5730 年で β 崩壊します．$^{14}_{6}\text{C} \longrightarrow ^{14}_{7}\text{N} + e$（$^{14}\text{C}$ のこの β 崩壊は，後に示すように古代の遺物の**年代測定**にも使われています）．さらに，地球ができた時にすでにあったと思われる重い不安定な原子核ウラン ^{238}U のように，次々と崩壊系列をたどっていく原子核もあります．$^{238}_{92}\text{U}$ の場合，その系列は次のようになっています．ウラン $^{238}_{92}\text{U}$ は α 崩壊して，$^{234}_{90}\text{Th}$（トリウム）になり，$^{234}_{90}\text{Th}$ は β 崩壊で $^{234}_{91}\text{Pa}$（プロトアクチウム）になり，これはもう一度 β 崩壊して $^{234}_{92}\text{U}$ になり，さらに α 崩壊して $^{230}_{90}\text{Th}$ になり……という具合に崩壊していって，最後は安定な核 $^{206}_{82}\text{Pb}$（鉛）になります．これらの自然に崩壊する原子核は，**ラジオアイソトープ（放射性同位元素 RI）** と呼ばれています．ラジオアイソトープは自然にもたくさんあり，岩石の中にも，コンクリートの壁にも，人の骨の中にも含まれています．これらの原子核も α 線，β 線，γ 線などを出します．

そのほかにも，宇宙のかなたで作られやってくる放射線（宇宙線）や，地球の上空で作られる放射線もあります．これらはたえず地上に降りそそぎます．放射線の個数を検出できる測定器として，ガイガーカウンター（GM管）がありますが，これをどこでも良いから置いてみると，2秒間に1 cm² 当たり約1個の放射線がやって来ているのがわかるでしょう．

私達のまわりには，こんなに放射線があって大丈夫なのでしょうか．放射線を被爆した時の危険性については，**6・5**節でお話しましょう．

6・3 放射線の半減期・線源強度・線量当量

ラジオアイソトープ（RI）の**半減期**，**線源強度**，**線量当量**という重要な3つの言葉について説明しましょう．

6・3・1 半減期

今ここに，^{238}U が1gあるとしましょう．この中には，$^{238}_{92}$U の原子核が約 3×10^{21} 個あります．^{238}U は α 崩壊して，$^{234}_{90}$Th になりますから，時間がたつと次第に $^{238}_{92}$U の個数 N は減ってきます．この減り方は

$$N(t) = N_0 e^{-\frac{t}{\tau}} = \frac{N_0}{e^{\frac{t}{\tau}}} \qquad (6・1)$$

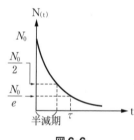

図**6・6**

〔τ は定数，e はネイピア数と呼ばれる定数（欧米ではオイラー数と呼ばれることもある）$e = 2.71828\cdots\cdots$ という無理数です〕

となります．つまり，$t = 0$ の時は $N_0 = 3 \times 10^{21}$ 個ありますが，$t = \tau$ だけ時間がたつと $N = \dfrac{N_0}{e} \fallingdotseq \dfrac{N_0}{2.7}$ となり，$t = 2\tau$ だけたつと $N = \dfrac{N_0}{e^2} \fallingdotseq \dfrac{N_0}{7.3}$ となります．個数が最初の $\dfrac{1}{e}$ になる時間の長さ τ を寿命（lifetime）といい，粒子数が最初の半分に減る時間の長さを半減期（halflife）といいます．半減期（τ_H）は寿命 τ で表すと $\tau_H = \tau \log_e 2 = \tau \ln 2 \fallingdotseq 0.7\tau$ です．半減期は RI の種類によって決まっており，^{238}U のように45億年と大変に長いものもあれば，^{10}C のように19秒と短いものもあります．

式**(6・1)**の形から，個数 N は指数関数的に減少することがわかります．この式の形は，物理ではよく出てきますので導き方を示しておき

$\log_e x = \ln x$
e を底とする log を
ln（natural log の意味）
と書く．

ましょう．重要なことは，崩壊する粒子数は一定でなくとも，崩壊の確率はいつも一定であるということです．今，Δt の間に崩壊する原子核の個数を $-\Delta N$ とすると（核の個数 N は減少するので，ΔN は負だからマイナスをつけて正にしておきます），時間 Δt の間に崩壊する原子核数 $-\Delta N$ が全体の数 N に占める確率（割合）は，$-\dfrac{\Delta N}{N}$ であり，これはどの時刻でも一定で，時間 Δt にのみ比例するので

$$-\frac{\Delta N}{N} = k\Delta t \qquad (k \text{ は定数}) \tag{6·2}$$

これを微分の式にすると $-\dfrac{dN}{N} = kdt$ となり，積分して

$$-\log N = kt + C \qquad (C \text{ は積分定数})$$

よって

$$N = e^{-kt} \times e^{-C}$$

ここで e^{-C} は $t = 0$ の時の個数だから N_0 とおき，また k は定数だから $k = \dfrac{1}{\tau}$ と書くと

$$N(t) = N_0 e^{-\frac{t}{\tau}} \tag{6·3}$$

が得られます．式(**6·2**)が重要なポイントで，この形はよく出てきます．

式(**6·3**)は，半減期 τ_H を用いて次のように書き直せます．

$\tau = \dfrac{\tau_H}{\ln 2}$ だから，

$$N(t) = N_0 e^{-\frac{\ln 2}{\tau_H}t} = N_0 (e^{-\ln 2})^{\frac{t}{\tau_H}}$$

$$N(t) = N_0 \left(\frac{1}{2}\right)^{\frac{t}{\tau_H}} \tag{6·4}$$

ここで $e^{-\ln 2} = e^{\log_e \frac{1}{2}} = \dfrac{1}{2}$ を用いました．

さて，式(**6·4**)の意味は大変わかりやすく，時間 t が半減期 τ_H に等しい時，個数が始めの個数 N_0 の半分になり，さらに，$t = 2\tau_H$ では，$\dfrac{1}{4}$ になることを示しています．

放射性元素の有名な応用例として，古代の土器の年代測定があります．土器に付着した米などの炭化物の中に含まれる微量な ^{14}C の量を測定することで行います．生物は生きている時は，炭素などの栄養素の取り込みで一定の基準量の ^{14}C を保っていますが，死んだ瞬間から取り込みを止め，時間とともに式(**6·4**)に従って，基準量から ^{14}C の量が減ってゆきます．^{14}C は半減期 5730 年ですから，この量の減り

方から，米粒が生きていた時点を推定できます．

6·3·2 線源強度

放射線を出す源の物質を**放射線源**といい，この線源の強度（**線源強度**）を表す単位に Bq（**ベクレル**）があります．1 g の放射性の物質を持ってきた時，1 秒間に 1 個の崩壊が起こる時，この強さを 1 Bq といいます．ですから，^{238}U を 1 g（＝3×10^{21} 個）持ってきた時，最初の 1 秒間に約 1 万個が崩壊するとすると，この時は線源強度は 1 万 Bq です．1 秒当たりの崩壊数は指数的に減りますから，もちろんこの強度は時間が経つと次第に小さくなります．

6·3·3 線量当量

放射線が生物に与える効果は，放射線の種類やそのエネルギーによって異なります．そこで，この効果の違いを考慮に入れて，どの放射線も同じ基準で比較できるようにするために，生体が被ばくした時に受ける影響の大きさを**線量当量**と決め，その単位は Sv（**シーベルト**）とします．

1 Sv ＝［やわらかな組織 1 kg が 1 J のエネルギーを吸収する放射線
　　　　の量（1 Gy（グレイ））］×［放射線の種類やエネルギーの違
　　　　いによる効果の大きさ（RBE）］

つまり，Sv ＝ Gy × RBE です．

RBE ＝ 1 の X 線や β 線では Sv ＝ Gy です．この時，シーベルトはグレイと同じ数値になります．

この式の中の効果の大きさは，生物学的効果比（RBE）と呼ばれていて，たとえば，200 keV の X 線が 1，^{60}Co の γ 線が 0.7，β 線が 1，陽子線が 2，α 粒子だと 10 〜 20 等となっています．重要なことは，RBE をかけておいたため 1 Sv の放射線が生物に与える効果は，放射線の種類やエネルギーによらずみな一定で 200 keV の X 線の 1 Gy（グレイ）が与える効果と同じになるということです．

なお，放射線の単位は 1988 年に改正されて，国際単位系（SI）を使用することになりました．上に出てきた単位は SI 単位系（新単位）で，旧単位との関係は，

$$\text{新}\left\{\begin{array}{l} 1 \text{ Sv（シーベルト）} = 100 \text{ rem（レム）} \\ 1 \text{ Bq（ベクレル）} = 2.7 \times 10^{-11} \text{ Ci（キューリー）} \\ 1 \text{ Gy（グレイ）} = 100 \text{ rad（ラド）} \end{array}\right\}\text{旧}$$

となります（この本に出てくる MKSA 単位系は，もちろん SI（国際）単位系の基本単位です）．

6·4 放射線はどのように医療で利用されているか

　放射線は，医療の現場で病気の診断と治療にたいへん多く利用されています．そのいくつかを見てみましょう．

　まず，診断用です．一番使われているのはX線撮影ですね．これは，X線（波長が短くエネルギーの大きな光です）が，体の筋肉や臓器や骨で吸収される割合が違う性質をうまく使って，骨や臓器を見えるようにしたものです．次に，放射性の核を**トレーサー**あるいは**ラベル**として使う方法です．放射性の核の化合物を体内に注入すると，核は放射線を出しながら，体の中を動きます．これを体外から測定していると，その動きがわかり，跡をたどる（トレースする）ことができるわけです．例をあげましょう．Tc（テクネチウム）の励起状態である ^{99m}Tc は，半減期6時間で 140 keV の γ 線を出して，^{99}Tc の基底伏態へ落ちます．この ^{99m}Tc の化合物を体内に注入し，甲状腺に吸収された ^{99m}Tc の化合物の量を体外のカウンターで計測しますと，甲状腺の状態がわかります．同様に，^{99m}Tc の化合物を含んだ利尿剤が腎臓に濃縮されていく様子を計測すると，吸収や排泄の異常がわかります．

　最近の放射線の医学利用で少し変わったものでは，陽子線によるガン等の腫瘍の撮影があります．これはまだ実験段階ですが，腫瘍等の組織が陽子をよく吸収する性質を利用して，腫瘍を見えるようにするものです．

　次に，**陽電子**を使った脳血管内の血流の撮影（PET）があります．陽電子とは，＋の電荷を持った電子と同じ性質の粒子で，自然にはなく，人工的に作らねばなりません．これには，サイクロトロン加速器を使って，陽電子を出して崩壊する ^{11}C，^{13}N，^{15}O 等のラジオアイソトープ（RI）を作り，これを体内の血管に注入します．すると，RI は脳内の血管を流れながら，陽電子を出し続けます．陽電子はすぐに電子と対になって消え，2つの γ 線（光子）になります．この γ 線を測ると，陽電子が出た位置が正確にわかり，脳内の血管だけを精密に撮影できるわけです．これによって，脳血栓の位置や活動している脳の部位を知ることができます．コンピュータを使って，脳の任意の断面での像を出す技術は，CT（コンピューテッド・トモグラフィ）と呼ばれていて，陽子線–CT だけでなく，X線–CT や MRI 等，いろいろなところで使われるようになっています．

　次に治療用ですが，ガンの治療用だけでも γ 線，陽子線，中性子

半減期
^{11}C : 20 分，^{13}N : 10 分，
^{15}O : 2 分

線重粒子線等があります．これらは，多少性質が異なりますが，基本的には大きなエネルギーの放射線が体の中に入っていき，細胞を殺す力を持っていることを利用します．放射線は，エネルギーが高ければ高いほど深くまで侵入します．ところが，放射線はガン細胞だけでなく，通過の途中にある正常細胞も殺してしまうので，この点をどう解決するかが問題です．陽子線がγ線と違って優れているのはこの点です．γ線は，図6·7のように，体の内部より表面の方がより強く作用し，体の内部にガンがある時は体の表面も焼けてしまいます．一方，陽子線だと，体の内部に強さのピークがありますから，そのピークの位置をガンの位置に合わせると，ちょうどガン細胞だけをやっつけることができます．陽子線はこのようなすばらしい性質を持っていますが，高エネルギーの陽子線を得るためには加速器が必要で，装置が高額になるので，まだ多くの病院で使われるようにはなっていません．

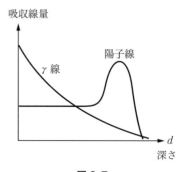

図6·7

　放射線は，医学以外にも非常に多くの分野で利用されています．農業では，植物に突然変異を起こさせて品種改良に使ったり，化学肥料，ホルモン，殺虫剤の効果を知るためにトレーサーとして使ったりしています．工業では，肉眼では見えないような金属やコンクリートの欠陥（キズ）を探すのに，X線撮影の方法を用います．プラスチック，紙，金属のごく薄い厚みは，放射線の通り抜ける量で測れます．放射線をトレーサーとして使う例では，地下のパイプラインの漏れ場所の発見や，自動車のタイヤやエンジン部品のすり切れの様子を調べる例があります．このように，ごく微量の変化でも，放射線なら個数を計測することでわかる点が，放射線を使う方法が他の方法に比べて優れている点です．

6·5 ｜ 放射線からどうして身を守るか

　放射線から身を守るためには，まず何がどれくらいの放射線を出すのかを定量的に知っておく必要があります．Sv（シーベルト）という生物によって吸収される放射線量の単位を用いると，人が普段あびている放射線量をもっと定量的に表せます．人は1年間でおよそ宇宙

線から 0.3 mSv, 土中の U（ウラン）, Ra（ラジウム）, Th（トリウム）, K（カリウム）等の自然放射性元素（RI）の γ 線から 0.4 mSv, 食物中にある ^{40}K, ^{14}C, Ra 等から 1.0 mSv, 呼気の中の Ra などから 0.5 mSV というように, 誰でも合計で 1 年に約 2.2 mSv ほど被爆します.

　放射線の**被爆**の内で意外に大きいのが医療用の被爆です. たとえば, 胃の X 線透視をすると約 5 mSv 被爆しますし, また, もしガン治療に γ 線を使うと, 局所に毎日 2 Sv ほどの大量の放射線をあびることがあります. 人が大量の放射線をあびた場合, 白血球が減少し, 吐き気や疲労感があり, ひどくなると発熱, 出血, 下痢などを生じます. そして, 4 Sv 以上の放射線を全身にあびると 30 日以内に半分の人が死亡してしまいます. もちろん, 医学で用いる放射線量は, 重大な影響が出ない範囲内にあります. しかし, 長期的に見ると, 放射線によって遺伝子が変化することがあるので, 突然変異などの遺伝的影響が考えられます. そこで, 一般の人が自然界からの被爆と医療用の被爆を除いて, 1 年間に受けることが許される放射線量の限度（**線量当量限度**）を 1 mSv にすることが法律で決められています.

　放射線を出すアイソトープや装置を取り扱う技師や看護婦や医者も, 知らないうちに被爆することがあります. なにしろ, 放射線は目に見えませんから困ります. 被爆を避けるには, 図**6·8** のような世界共通のマークのついている地域にうかつに入らないこと, 立ち入る場合には, 必ず放射線をいくらあびたかがわかるフィルムバッヂ等を付けておくこと. また, その中

図6·8
放射線管理区域の標識

で作業をする時は, ガイガーカウンタやシンチレーションカウンタ等で今出ている放射線量をモニタしておくこと等が必要です.

　放射線は, DNA を損傷させ細胞をガン化させる, 非常に強い時は細胞を破壊すると言われています. 放射線を止める遮蔽方法について説明しておきます. 遮蔽方法は放射線の種類によって異なります.

- アルファ(α)線は, 紙 1 枚で遮蔽できます. 遮蔽しなくても, 空気中ならば数 cm で止まってしまいます.

- ベータ(β)線は空気中では 10 m 以上透過する場合がありますが, 薄いアルミニウム等の金属板で遮蔽することができます.

⚛️ ガンマ(γ)線とエックス(X)線は，ともに高エネルギーの光で，透過力は β 線よりも強く，空気中を 1.6 km 位まで到達します．重い物質である鉛や厚い鉄の板で遮蔽することができます．

⚛️ 中性子線は，透過力が非常に強く，鉄や鉛の板も突き抜けてしまいます．しかし水を突き抜けることは出来ません．また，コンクリートは水を含んでいるので，厚いコンクリートによっても遮蔽できます．

放射線の種類によって守り方が違いますが，結局すべての放射線を止めるのは，厚いコンクリートの建物や地下室や洞窟です．

休憩室

宇宙，それは果てしなく大きい

　宇宙について語る時，私達はその大きさに感動せずにはおれません．私達の住んでいるこの地球は，一周が 4 万 km，光は 1 秒間に地球を 7 まわり半も回ります．この光で月まで行くのには 1.3 秒，太陽までは 8 分 19 秒，太陽系の一番遠い冥王星までは 5 時間 30 分かかります．この光の速さで 1 年間に進む距離（約 10^{13} km）を **1 光年** といいます．光年というけれど，時間ではなくて距離の単位であることに注意して下さい．

　さて，この光年を使って星の距離を表します．太陽のように，自ら輝いている星を **恒星** といい，太陽のまわりを回っている地球などの星を **惑星** といいます．夜空を見上げて見える星は太陽系の惑星だけは近いので，**望遠鏡** を使えば見えますが，他はすべて自ら輝いている恒星です．太陽系に一番近い恒星は，アルファケンタウリ星で 4.3 光年離れています．ずいぶん離れていますね．

　我々の太陽系を含む恒星の集団は，横から見ると図 **6・9** のような凸レンズ状をなしており，**銀河系** といわれています．大きさは 10 万光年で，我々の太陽系は中心から 3 万光年離れた所にあります．

　この銀河系の中には，恒星が約 2000 億個も含まれています．そして，この宇宙には，この銀河系のような恒星の集団である銀河が，何と 2 兆個ほどもあるといわれています．

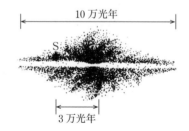

図6・9

　アンドロメダ大星雲までの距離は 250 万光年もありますが，実は最近，今までの記録を破る最遠方の 135 億光年かなたの宇宙に存在する明るい銀河の候補，HD1（銀河の記号）を日本を含む国際協力の研究者たちがアルマ望遠鏡を使って発見し，話題となっています．

この広大な宇宙，あらゆるものを包み込んだこの宇宙は，一体のどのようにしてできたのでしょう．宇宙の始まりは，どうなっていたのでしょう．終りはどうなるのでしょう．だれもが一度は持ったことのあるこの疑問に，現代物理学は今や敢然と挑戦をし続けています．最近の物理学によって，推定されているひとつのシナリオに従って，宇宙の発展の歴史をたどってみましょう．

　宇宙は，今から138億年前に大爆発（**ビッグバン**）によって始まりました．宇宙は最初，10^{-33} m よりも小さく，巨大なエネルギー密度のために，10^{32} K 以上の非常な高温でした．この高温の中では，あらゆるものが分解され，根元的な物質のエネルギーと原始の力だけが存在していました．もちろん，時間と空間は現在とは大変違っていたでしょう．

　超弦理論によると，最初の時空は 10 次元であったと考えられます．現在の 4 次元時空が生まれたのは，ビッグバン後 10^{-44} 秒以降のことで，この時，何らかの理由で 4 次元だけが成長し，残りの 6 次元はプランクの長さ（10^{-33} cm）以下のままで成長することができず，現在では，この次元を観測することができなくなったというわけです．

　さて，ビッグバン後の宇宙は，光速に近い猛烈な速さで広がり，それと共に宇宙の温度は急速に下がりました．温度が下がると，その温度で安定な形（**秩序**）が形成されます．これは，たとえば水蒸気の温度を下げていくと水になり，さらに温度を下げると，結晶構造を持つ氷が生まれることから理解されるでしょう．温度が下がってくると，次々と秩序を持った物質が形成されてくるわけです．

　宇宙は，ビッグバン後 10^{-44} 秒たつと，温度が 10^{32} K に下がり，広がりが 10^{-33} cm となり，原始の力が 2 つに分離し，下線{重力}と**大統一の力**が生まれ，巨大なエネルギーは大統一の力によって，根元的な物質に変わっていきます．10^{-36} 秒後には，宇宙は温度が 10^{28} K，広がりが 10^{-28} cm となり，大統一の力は強い力（核力）と**電弱力**とに分離し，根元的物質から現在知られている素粒子であるクォークとレプトンとその反粒子を形成していきます．

　10^{-11} 秒後には，温度は 10^{15} K まで下がり，広がりも 10^{12} cm までなり，さらに電弱力が電気力と弱い力とに分離し，現在の宇宙にある 4 つの力のすべてがでそろいます．10^{-4} 秒後には，宇宙は 10^{15} cm にも広がり，温度が 10^{12} K 以下になるとクォークが強い力によって閉じ込められ，核子（ハドロン）が形成され，1 秒後までの間に，現在，多量に存在する素粒子である陽子，中性子，電子，光子，ニュートリノが作られました．そして 3 分後には，宇宙の温度は 10^{9} K になり，陽子と中性子が結合して重水素を作り，それがまた結合してヘリウム（$^4\mathrm{He}$）が作られます．こうして，ビッグバン後の最初の 3 分間で現在見ることのできる素粒子と $^4\mathrm{He}$ より軽い原子核のほとんどが作られたわけです．

　さて，ビッグバン後 10 万年たつと温度は 1 万度くらいに下がり，自由に運動していた電子が核子につかまり，水素の原子が生まれます．この頃には，宇宙の中にできた水素原子やヘリウムの希薄なガスの分布に密度のゆらぎが生じ，密度の高い部分がみずからの重力によってますます収縮し，原始銀河があちこちに形成され始めます．

　10 億年ほどたつと銀河の中のいたるところで重力収縮によってガスの凝

縮が進み，中心の温度が上昇して 10^7 K に達すると原子核反応が始まり，みずから輝き始める星，恒星が生まれます．恒星の中心部では，ヘリウムが核融合して，炭素や酸素，鉄等の重い原子核が生成されます．50億〜100億年たつとこれらの恒星の中心は重くなり，一層の重力収縮でつぶれ，超新星爆発を起こしてその一生を終えます．

　この超新星爆発によって，重い原子核がまき散らされ，それはまたガスとなって宇宙を漂います．そのガスがふたたび重力によって凝縮して星を作ります．この時，質量が小さくて中心温度が 10^7 K に達せず，みずから輝くことのできなかった星，それが地球です．重い原子核をたくさん持つ太陽系は，こうして第二世代の星として，今から46億年ほど前に生まれました．

　この太陽系の中の小さな水の惑星に生命が芽ばえ，やがて次々と新しい生命が花開いていきます．そして，ついに700万年前に ^{12}C や ^{14}N や ^{16}O などの重い原子核を主体として，構成される人間を作り出すのです．宇宙は，人類をこの世に生み出すまでに，なんと138億年もの長い長い時間を必要としたわけです．太陽系は，この宇宙の巨大な大きさに比べれば，本当にちっぽけな存在ですが，その小さな惑星の1つに誕生した生命は，なんと神秘的であり，なんと奇跡的なのでしょう．

　宇宙には，何でも飲み込むブラックホールや宇宙一明るいクェーサー，中性子だけの星，ダイヤモンドの星，酒をまきちらす星など，まだまだ不思議なものがたくさんあります．宇宙の小さな小さな存在，太陽系の生命のひとつである人類は，今やこの大宇宙の秘密を解き明かす扉を開こうとしているのです．

　宇宙の途方もない大きさを思うと，この地球の小ささが身に沁みます．このちっぽけな地球の上で，人が人を恨んだり，悲しんだり，ましてや戦争をするなんて，なんて愚かな行為でしょうか．

　水の惑星・地球，この奇跡の星に誕生した命ははかりしれない程貴重で，尊いものなのです．

宇宙ってすごいね

問題のヒントと解答

以下の問題の数値計算では，答は特別な場合（問題 **1·6** など）を除き，有効数字 2 桁で答えれば十分です．ただし，桁（$\times 10^n$ のこと）と単位に注意して下さい．

▌ 第 1 章　力学の世界

問題 1·1　車は直線上を運動しているので，原点 0 から 40 km 離れた A 点に 1 時間かけて行き，そこで 1 時間停車し，元の地点へ 30 分かけて帰ったことになります．

問題 1·2　各区間では，一定の速さで走っているので，0 から A までは 40 km/h，A から B までは 0 km/h，B から C までは逆向きに 80 km/h です．

問題 1·3　$v = \dfrac{100\ \text{m}}{9.8\ \text{s}} = 10.2\ \text{m/s} = \dfrac{3600 \times 10.2\ \text{m}}{3600\ \text{s}} = \dfrac{36.7\ \text{km}}{1\ \text{h}} = 36.7\ \text{km/h}$

時速約 37 km/h となります．

問題 1·4　$\dfrac{40\ \text{km}}{2\ \text{h}} = 20\ \text{km/h} = \dfrac{20 \times 1000\ \text{m}}{3600\ \text{s}} = \dfrac{200\ \text{m}}{36\ \text{s}} \fallingdotseq 5.6\ \text{m/s}$

問題 1·5　$\dfrac{100\ \text{m}}{5.6\ \text{m/s}} \fallingdotseq 18\ \text{s}$，あなたは 100 m を 18 秒で走るとしてどれくらいの距離を走れますか．

問題 1·6　式(**1·3**)を用います．

① の場合

$\Delta t = 0.1\ \text{s}$, $\Delta x = 0.21\ \text{m}$ だから

$v = \dfrac{0.21\ \text{m}}{0.1\ \text{s}} = 2.1\ \text{m/s}$

② の場合　$\Delta t = 0.01\ \text{s}$, $\Delta x = 0.0201\ \text{m}$ だから

$v = \dfrac{0.0201}{0.01} = 2.01\ \text{m/s}$

③ の場合

$v = \dfrac{1.002001 - 1.000000}{1.001 - 1.000} = \dfrac{0.002001}{0.001} = 2.001\ \text{m/s}$

このよう Δt を次第に小さくしていくと，v は 2 m/s に近づいていきます．無限に Δt を小さくしていくと，v は 2 m/s に限りなく近づきます．これを v は 2 m/s に収束するといいます．この収束していく先 ＝ 極限値を表すものが微分です．式で書くと $v = \lim\limits_{\Delta t \to 0} \dfrac{\Delta x}{\Delta t} = \dfrac{dx}{dt}$ となります．この式の意味がつ

かめたでしょうか.

問題 1·7　$340 \text{ m/s} = \dfrac{340 \times 3600 \text{ m}}{3600 \text{ s}} = \dfrac{1224 \text{ km}}{1 \text{ h}} \fallingdotseq 1200 \text{ km/h}$

　音速 1200 km/h をこえるスピードで飛べるジェット機が超音速ジェット機といわれます.

問題 1·8　$300000 \text{ km/s} = \dfrac{3600 \times 300000 \text{ km}}{3600 \text{ s}} \fallingdotseq 11 \text{ 億 km/h}$

　これは地球から最も近づいた時の木星までを 30 分で行ける速さです.

問題 1·9　光の速さは非常に速いので, 短い距離では, 光の到達時間は 0 として良いのです. 音速は光速に比べずっと遅く, 雷の時, 光は瞬時にやって来ますが, 音は遅れて届きます. 光ってから音が聞こえるまで 2 秒かかっている場合, 音が 2 秒間に進む距離は 340 m/s × 2 s = 680 m だから, 雷は 680 m 離れた所で鳴ったことになります.

問題 1·10　式(**1·7**)を用います. 72 km/h = 20 m/s だから

$$a = \frac{(0 - 20)\,\text{m/s}}{4 \text{ s}} = -5 \text{ m/s}^2$$

　− は, 加速度の向きが速度とは反対向きで減速だったことを示しています.

問題 1·11　式(**1·3**), (**1·7**)を右図のように上下の ☐ の値で使います.

$$v = \frac{\boxed{\text{下の値}} - \boxed{\text{上の値}}}{0.1}$$

引き算を $\Delta t = 0.1$ で割れば, v と a が求められます. このようにして, 地球の加速度 g を求めることができます.

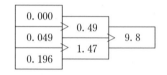

問題 1·12　$t = 0$ s の時, $v = 0$ m/s, $x = 0$ m だから式(**1·9**), (**1·14**)より $v = gt$, $x = \dfrac{1}{2} gt^2$ となります.

t 〔秒〕	0	1	2	3
v 〔m/s〕	0	9.8	19.6	29.4
x 〔m〕	0	4.9	19.6	44.1

問題 1·13　$x = \dfrac{1}{2} gt^2$ を用いて, 20 m = $4.9 t^2$ より

$$t = \sqrt{\frac{20}{4.9}} \fallingdotseq 2.0 \text{ s}$$

よって, 2 秒後に地面につきます. この時の速さは

$$v = 9.8 \times 2 = 19.6 \text{ m/s} \fallingdotseq 70 \text{ km/h} \text{ となります.}$$

問題 1·14　問 **1·13** と同様に解けます.

1000 = $4.9 t^2$ より

$$t = \sqrt{\frac{1000}{4.9}} \fallingdotseq 14.3 \text{ s}$$

$$v = 9.8 \times 14.3 \fallingdotseq 140 \text{ m/s} \fallingdotseq 500 \text{ km/h}$$

となり, これはリニアモーターカーなみのスピードとなります.

問題 1·15　やはり, 式(**1·9**), (**1·14**)を用います.

$h = \dfrac{1}{2} gt^2$ より

$$t = \sqrt{\frac{2h}{g}}$$

$v = gt$ に代入して

$$v = g\sqrt{\frac{2h}{g}} = \sqrt{2gh}$$

となります.

問題 1·16 単位を m（メートル）と秒に変えると $v_0 = 72 \text{ km/h} = 20 \text{ m/s}$ となります.

① 最高点では $v = 0 = -gt + v_0$

よって

$$t = \frac{v_0}{g} = \frac{20}{9.8} \fallingdotseq 2.0 \text{ s}$$

② 式(**1·16**)より，$t = 2$ s として

$$y = -4.9t^2 + 20t = -4.9 \times 4 + 20 \times 2 = -19.6 + 40$$
$$= 20.4 \text{ m}$$

③ ボールが再び落ちてきた時，$y = 0$ だから

$$0 = -\frac{g}{2}t^2 + v_0 t = t\left(-\frac{g}{2}t - v_0\right)$$

より，$t = \frac{2v_0}{g} \fallingdotseq 4.0$ s が答です．これは，ちょうど最高点に達するまでの時間の 2 倍です．

問題 1·17 横軸に t を，縦軸に x をとると，$v = \frac{\Delta x}{\Delta t}$ は横に Δt 進んだ時の Δx の上がり方，つまり傾き（勾配）になります．Δ を小さくしていくと，$\frac{\Delta x}{\Delta t}$ はその点の接線の傾きに近づいていきます．図を書いて考えてごらんなさい.

問題 1·18 $v = \frac{dx}{dt}$ より，$v = 3t^2 - 6t + 2$，これに $t = 1$ を入れて

$$v = 3 - 6 + 2 = -1 \text{ m/s}$$

$$a = \frac{dx^2}{dt} = \frac{dv}{dt} = 6t - 6 = 6 - 6 = 0 \text{ m/s}^2$$

問題 1·19 地球の引力は球の中心向きだから，すべての物は中心に向かって落ちて行きます．赤道直下の人々にとっても，落ちる方向は中心向きで，その方向が真下なわけです.

問題 1·20 例はたくさん考えられますが，その一例は，私達がバネを引っぱる場合，バネを引く私達の力が作用で，バネが元に戻そうとする力が反作用です．バネを伸ばしたまま静止させた時，作用と反作用は等しくなっています.

問題 1·21 もちろん地球は力を受けて加速度運動をします．しかし，地球の質量 M が大きく，その加速度 a があまりに小さく問題にならないだけです．もし，我々が 100 kg 重 $\fallingdotseq 1000 \text{ N}$ の力で地球を押しても，その時生じる加速度は，$M = 6 \times 10^{24} \text{ kg}$ を用いて

$$a = \frac{1000}{6 \times 10^{24}} \fallingdotseq \frac{10^3}{10^{25}} = 10^{-22} \text{ m/s}^2$$

となります．この加速度では地球は 100 年（$\fallingdotseq 3 \times 10^9$ s）たっても 1 mm も動きません.

問題 1·22 $F = ma$ より $[F] = \text{kg·m/s}^2$ となります．単位は，そのまま式の通りにかけたり割ったりします.

問題 1·23 $g = G\dfrac{M}{R^2}$ より

$$g \fallingdotseq 6.7 \times 10^{-11} \frac{6.0 \times 10^{24}}{(6.4 \times 10^6)^2} = \frac{6.7 \times 6.0 \times 10^{13}}{(6.4)^2 \times 10^{12}} = \frac{40.2}{41.0} \times 10$$

$$= 9.8 \text{ m/s}^2$$

となり，地球の重力加速度 $g = 9.8 \text{ m/s}^2$ が正しく出てきました．$e = 1$ なので，

問題 1·24 $F = G\dfrac{mm'}{r^2}$ を用いて

$$F = 6.7 \times 10^{-11} \frac{60 \times 50}{1^2} = 6.7 \times 10^{-11} \times 3000$$

$$= 6.7 \times 0.3 \times 10^{-11} \times 10^4 \fallingdotseq 2 \times 10^{-7} \text{ N}$$

よって約 $2 \times 10^{-7} \text{ N} \fallingdotseq 2 \times 10^{-8} \text{ kg 重} = 2 \times 10^{-5} \text{ g 重}$，つまり雪のひとひらより軽い十万分の 2 g 重の力が働くことになります．

問題 1·25 ① $a = \dfrac{F}{m} = \dfrac{50}{100} = 0.5 \text{ m/s}^2$

② $v = at$ より $v = 0.5 \times 2 = 1 \text{ m/s}$

③ 動く距離を S とすると $S = \dfrac{1}{2}at^2 = \dfrac{1}{2} \times 0.5 \times 2^2 = 1 \text{ m}$

問題 1·26 ① $a = \dfrac{F}{m}$

② $S = \dfrac{1}{2}at^2$ より $t^2 = \dfrac{2S}{a} = \dfrac{2mS}{F}$，よって $t = \sqrt{\dfrac{2mS}{F}}$

③ $v = at = \dfrac{F}{m}\sqrt{\dfrac{2mS}{F}} = \sqrt{\dfrac{2F \cdot S}{m}}$

④ ③の両辺を 2 乗して $v^2 = \dfrac{2F \cdot S}{m}$ より $F \cdot S = \dfrac{1}{2}mv^2$

問題 1·27 バネ定数 k を先に求めます．単位を MKSA 系に合わせて，100 g 重 $= 0.1$ kg 重 $= 0.1 \text{ kg} \times 9.8 \text{ m/s}^2 = 0.98 \text{ N}$，1 cm $= 0.01$ m だから

$$k = \frac{0.98}{0.01} = 98 \text{ N/m}$$

式 **(1·59)** より

$$f = \frac{1}{T} = \frac{\omega}{2\pi} = \frac{1}{2\pi}\sqrt{\frac{k}{m}} = \frac{1}{2\pi}\sqrt{\frac{98}{0.1}} = \frac{\sqrt{980}}{2\pi} = \frac{7\sqrt{20}}{2\pi} = \frac{14\sqrt{5}}{2\pi}$$

$$= 4.98 \text{ 回/s} = 4.98 \text{ Hz}$$

問題 1·28 $y = -gt^2 + v_0t = -4.9t^2 + 20t$

$x = v_0t = 20t$ を用います．

t [s]	0	1	2	3	4
x [m]	0	20.0	40.0	60.0	80.0
y [m]	0	15.1	20.4	15.9	1.6

問題 1・29 図解 1・1 のとおり．丸点が $t = 1$, 2, 3, 4 の位置です．

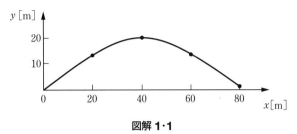

図解 1・1

問題 1・30 最高点では，$v_y = -gt + V_y = 0$ となる．その時の時刻 t は

$$t = \frac{V_y}{g} = \frac{20}{9.8} \fallingdotseq 2 \text{ 秒}$$

問題 1・31 最高点の位置 (x, y) は

$$x = 20t = 20 \times 2 = 40 \text{ m}$$

$$y = -4.9t^2 + 20t = 20.4 \text{ m}$$

問題 1・32 $F = \dfrac{\varDelta p}{\varDelta t}$ を用います．72 km/h $= 20$ m/s だから，最初の運動量

$$p = mv = 1000 \text{ kg} \times 20 \text{ m/s} = 20000 \text{ kg·m/s}$$

最後の運動量は 0 だから，$\varDelta p = 20000 - 0 = 20000$ kg·m/s

よって，$F = \dfrac{20000}{0.1} = 200000 = 2 \times 10^5$ N $\fallingdotseq 2 \times 10^4$ kg 重 $= 20$ t 重

壁は車に対し，20 t 重の力を与えたことになります．20 t 重は質量 20 t の重さ（力）です．このように，重さには重力加速度 g を意味する「重」がつきます．

問題 1・33 運動量保存則を用います．36 km/h $= 10$ m/s に注意して，

初めの運動量 $p = mv = 1000$ kg $\times 10$ m/s $= 10^4$ kg·m/s

連結後の速さを v' とすると，後の運動量 $p' = (1000 + 4000)v' = 5000v'$

$p = p'$ だから 10^4 kg·m/s $= 5 \times 10^3 v'$ より $v' = 2$ m/s

問題 1・34 やはり運動量保存則を用います．

この場合，初めの運動量 $p = 0$ です．ロケットの速度と鉄の玉の速度の向きは正反対ですから，ロケットの速さを v とすると，鉄の玉の速さは，-360 km/h $= -100$ m/s と負の向きになります．したがって，後の運動量はロケットが $100000v$，鉄の玉が -10×100 kg·m/s ですから，$0 = 100000v - 1000$.

よって $v = \dfrac{10^3}{10^5}$ m/s．つまり，速さ 1 cm/s で，ロケットは鉄の玉と反対方向に進みます．

問題 1・35 力の働いた方向は，止まっている球が飛んで行った方向（つまり 30° 方向）だという点に気づいて下さい．すると，この方向に x 軸をとり，x 軸と垂直に y 軸をとると，式が簡単になります．初めの速度 v_2 の x 成分は $v_2 \cos 30° = \dfrac{\sqrt{3}}{2} v_2$ で，y 成分は，$v_2 \sin 30° = \dfrac{1}{2} v_2$ です．それが衝突後には，x 成分は $v_2' \cos(\theta + 30°)$，y 成分は $v_2' \sin(\theta + 30°)$ になります．v_5' は x 成分しかなく，その大きさは v_5' ですから

x 成分の運動量保存則は

$$m\frac{\sqrt{3}}{2}v_2 = mv_2' \cos(\theta + 30°) + mv_5' \quad \cdots\cdots\cdots ①$$

y 成分の運動量保存則は

$$\frac{1}{2}mv_2 = mv_2'\sin(\theta + 30°) \quad \cdots\cdots ②$$

力の働いた x 方向についてのはねかえりの式は $e = 1$ なので,

$$-\frac{v_2'\cos(\theta + 30°) - v_5'}{\frac{\sqrt{3}}{2}\cdot v_2} = 1$$

よって

$$\frac{\sqrt{3}}{2}v_2 = -v_2'\cos(\theta + 30°) + v_5' \quad \cdots\cdots ③$$

(① $\div m$) $+$ ③より

$$\sqrt{3}\,v_2 = 2v_5'$$

よって

$$v_5' = \frac{\sqrt{3}}{2}v_2$$

(① $\div m$) $-$ ③より

$$v_2'\cos(\theta + 30°) = 0$$

よって

$$\theta + 30° = 90°$$

よって

$$\theta = 60°$$

これを ② に代入して $v_2' = \frac{1}{2}v_2$. これですべて解けました.

なお,$\theta + 30° = 90°$ なので,$v_2'^2 + v_5'^2$ を計算すると v_2^2 になります. この両辺に $\frac{1}{2}$ をかけると,

$\frac{1}{2}mv_2^2 = \frac{1}{2}mv_2'^2 + \frac{1}{2}mv_5'^2$ が得られ $e = 1$ の時のみ,エネルギーが保存することが導けます（**1·29** 節参照）.

問題 1·36 力も水平方向,動く方向も水平方向だから

$$W = F\cdot S = 100\ \mathrm{N}\cdot 1\ \mathrm{m} = 100\ \mathrm{J}$$

問題 1·37 質量 m の物には下向きに mg の力が働いていて,この力に抗して h だけ持ち上げるので,

$$W = mg\cdot h = 10\ \mathrm{kg}\cdot 9.8\ \mathrm{m/s^2}\times 1\ \mathrm{m} = 98\ \mathrm{N}\cdot\mathrm{m} = 98\ \mathrm{J}$$

問題 1·38 $F = 1000\ \mathrm{N}$ の抵抗力に抗して,$1\ \mathrm{cm} = 0.01\ \mathrm{m}$ だけ進むから

$$W = F\cdot S = 1000\times 0.01 = 10\ \mathrm{N}\cdot\mathrm{m} = 10\ \mathrm{J}$$

問題 1·39 位置エネルギー $U = mgh$ だから,単位に注意して

$$U = 10^6\ \mathrm{kg}\times 9.8\ \mathrm{m/s^2}\times 10\ \mathrm{m} = 9.8\times 10^7\ \mathrm{J}$$

水位差を $20\ \mathrm{m}$ にすると,$h = 20\ \mathrm{m}$ だから

$$U = 10^6\ \mathrm{kg}\times 9.8\ \mathrm{m/s^2}\times 20\ \mathrm{m} = 19.6\times 10^7\ \mathrm{J}$$

問題 1·40 エネルギー保存則の式（**1·102**）を用います.

A 点では,$v = 0$,$h = 20\ \mathrm{m}$ だから

$$E = U = 100\ \mathrm{kg}\cdot 9.8\ \mathrm{m/s^2}\cdot 20\ \mathrm{m} = 1.96\times 10^4\ \mathrm{J}$$

C 点では,逆に $h = 0$ で v があるので

$$E = T = \frac{1}{2} mv^2 = 1.96 \times 10^4 \text{ J}$$

$$\therefore \quad v^2 = \frac{3.92 \times 10^4}{100} = 3.92 \times 10^2$$

$$\therefore \quad v \fallingdotseq 19.8 \text{ m/s}$$

B 点での速さを v' とすると，$h = 10$ m だから

$$E = T + U = \frac{1}{2} mv'^2 + 100 \times 9.8 \times 10 = 1.96 \times 10^4$$

よって

$$\frac{1}{2} mv'^2 = 1.96 \times 10^4 - 9.8 \times 10^3 = 9.8 \times 10^3$$

$$v'^2 = \frac{1.96 \times 10^4}{100} = 196$$

$$\therefore \quad v' = 14.0 \text{ m/s}$$

これらの速さは，向きは違うけど自然落下と同じ速さです．

問題 1·41 $U = mgh = 50 \text{ kg} \cdot 9.8 \text{ m/s}^2 \cdot 1200 \text{ m}$

$$\fallingdotseq 5.9 \times 10^5 \text{ J} = \frac{5.9}{4.2} \times 10^5 \text{ cal} \fallingdotseq 1.4 \times 10^5 \text{ cal} = 140 \text{ kcal}$$

問題 1·42 エネルギーの総量 E は，その他を無視すると

$$E = 5 \text{ g} \times 4.2 + 9 \text{ g} \times 9.3 + 68 \text{ g} \times 3.8$$

$$= 21 + 83.7 + 258.4 = 363 \text{ kcal}$$

問題 1·43 脂肪が x g 減るとすると，その時出るエネルギーは $9.3x$ kcal で，そのうち 20% が山登りに使われたとするから

$$0.2 \times 9.3x = 140$$

よって

$$x = \frac{140}{0.2 \times 9.3} = \frac{140}{1.86} \fallingdotseq 75 \text{ g}$$

問題 1·44 ごはんを x g 食べるとしたら，その出すエネルギーは $1.68x$ kcal で，女性の場合の基礎代謝分が 1200 kcal だから

$$1.68x = 1200$$

$$x = \frac{1200}{1.68} = 714 \text{ g}$$

コンビニのおにぎりは約 110 g，お茶碗 1 杯のごはんは約 150 g ですから，これはおにぎりで約 7 個分，茶碗で 5 杯分になります．

問題 1·45 ランニングは，7 分/km のゆっくりの速さの時，約 10 J/s·kg 使います．50 kg の人だと 1 秒当たりに，$10 \times 50 = 500$ J/s エネルギーを使うので，t 秒間で使うエネルギー量は $500 t$ [J] です．

一方，脂肪 100 g は $9.3 \times 100 = 930$ kcal $= 4.2 \times 930$ kJ $\fallingdotseq 3900$ kJ $= 3.9 \times 10^6$ J のエネルギーを持っているので

$$500t = 3.9 \times 10^6$$

$$t = \frac{3.9 \times 10^6}{500} \fallingdotseq 7.8 \times 10^3 \text{ s} \fallingdotseq 2.2 \text{ h} \fallingdotseq 132 \text{ 分}$$

したがって，脂肪 100 g 減らすには，2 時間 12 分走らねばなりません．

問題 1·46 式(**1·108**)を用います．

$l_1 = 35$ cm, $\theta_1 = 78°$, $l_2 = 50$ cm, $f_2 = 20$ kg 重 として

35 cm$\cdot F \cdot \cos 78° = 50$ cm$\cdot 20$ kg 重

$35 \times 0.2 \times F = 1000$

∴ $F = \dfrac{1000}{35 \times 0.2} = \dfrac{1000}{7} ≒ 140$ kg 重

問題 1·47　式(**1·110**)を用います.

$S = 1$ cm$^2 = 10^{-4}$ m^2, $F = 5000$ N, $l = 20$ cm $= 0.2$ m

$E = 1 \times 10^{10}$ N/m^2 となるから, 伸びを x [m] とすると

$\dfrac{5 \times 10^3}{10^{-4}} = 10^{10} \dfrac{x}{0.2}$

$\dfrac{5 \times 10^7}{10^{10}} = \dfrac{x}{0.2}$

∴ $x = 0.2 \times 5 \times 10^{-3} = 1 \times 10^{-3}$ m

$= 1$ mm

よって 1 mm 伸びます.

第2章　　熱の世界

問題 2·1　式(**2·2**)で, $F = 100$ として

$C = \dfrac{5}{9}(100 - 32) = 37.8℃$

問題 2·2　熱容量は mc だから

水 10 g では　$10 \times 1 = 10$ cal

鉄 10 g では　$10 \times 0.11 = 1.1$ cal

問題 2·3　上がった水の温度を t とすると, $Q = mct$ を用いて

$200 = 10 \times 1 \times t$　より $t = 20℃$ 上がります.

鉄の場合は $200 = 10 \times 0.11 \times t$　より, $t = 182℃$ 上がります.

第3章　　流体の世界

問題 3·1　水の比重を 1 とすると, 水をおしのけた体積が 35 l (1 l = 1000 cc = 1000 cm^3 = 1000 g重 = 1 kg重) だから, おしのけた液体の重さは 35 kg 重になります. これが浮力になりますからこの人の重さは, $50 - 35 = 15$ kg 重になります.

問題 3·2　鉄のかたまりのままだと浮力が小さくて沈んでしまいます. そこで, 鉄を広げて箱を作ってやると, 水をおしのける体積が増えます. おしのける水の体積が増えて, 元のかたまりの 8 倍以上になると, 浮力の方が大きくなって鉄の箱は沈まなくなります.

問題 3·3　式(**3·7**)より, $s_1 v_1 = s_2 v_2$ を用います. 密度は同じなので両辺から約せます. 単位を mm にして計算すると,

$$s_1 = \pi \times 10^2 \text{ mm}^2, \quad s_2 = \pi (0.4)^2 \text{ mm}^2$$

だから

$$v_2 = \frac{s_1 v_1}{s_2} = \frac{10^2 \times 5}{(0.4)^2} = 3125 \text{ mm/s} \fallingdotseq 3.1 \text{ m/s}$$

3.1 m/s で飛び出します.

問題 3·4 穴の位置 A 点での圧力 P_A がいくらになるかがこの問題のポイントです. A 点で水が流れ出した時, A 点の圧力 P_A は大気圧だけで P_0（1 気圧）になる. これは次のように考えるとよい. A 点に栓をして水を止めている時は, 栓が水に与える圧力は 1 気圧（P_0）と水圧 $\rho g h$ をたしたものであるが, 栓を取ると外から水を押える力は大気圧だけであり, それは 1 気圧である. よって

$$P_A = P_0$$

したがって, A 点では $h = 0$, B 点では $v = 0$ に注意すると式(**3·12**)より

$$P_0 + 0 + \frac{1}{2}\rho v^2 = P_0 + \rho g h + 0$$

よって

$$v = \sqrt{2gh}$$

となる. これはちょうど, 小石が高さ h を落下した時の速さと同じになっている. $h = 1$ m, $g = 9.8$ m/s^2 より

$$v = \sqrt{19.6} = \sqrt{4.9 \times 4}$$
$$= \sqrt{0.49 \times 4 \times 10} = 0.7 \times 2\sqrt{10} = 1.4\sqrt{10}$$
$$= 4.4 \text{ m/s}$$

問題 3·5 式(**3·17**)を用います. g は重のままで, $\rho = 1.05$ g/cm^3, $h_2 - h_1 = 120$ cm として

$$p_1 - p_2 = 1.05 \text{ g 重/cm}^3 \times 120 \text{ cm} = 126 \text{ g 重/cm}^2 = \frac{126}{1034} \times 760 \text{ torr}$$

$$\fallingdotseq 93 \text{ torr}$$

$$p_1(足) = p_2(心臓) + 93 \text{ torr} = 193 \text{ torr}$$

足は約 190 torr になります.

問題 3·6 管の半径 r の時の血流量 Q は, 式(**3·21**)より, 管の両端の圧力差 Δp を p と書くと

$$Q = \frac{\pi r^4 \cdot p}{8\mu l}$$

次に, 半径が $0.9r$ になった時の血流量 Q' は

$$Q' = \frac{\pi (0.9r)^4 \cdot p}{8\mu l} \fallingdotseq 0.65 \frac{\pi r^4 \cdot p}{8\mu l} = 0.65Q$$

よって, 元の 65% になります. 流量が減るので, 元の流量を回復しようとして血圧 p が上がります. だから, 血管にコレステロールが付着している人は, 高血圧症になりやすいのです.

第4章   波と光と音の世界

問題 4·1 図 **4·5** のようになります.

問題 4·2 音の $v = 340$ m/s, $f = 500$ を式(**4·7**)に入れて

$$340 = 500 \cdot \lambda$$

$$\lambda = \frac{340}{500} = 0.68 \text{ m}$$

問題 4·3 光の $v = 3 \times 10^8$ m/s, $\lambda = 500$ nm $= 5 \times 10^{-7}$ m だから

$$3 \times 10^8 = f \times 5 \times 10^{-7}$$

より

$$f = \frac{3 \times 10^8}{5 \times 10^{-7}} = 6 \times 10^{14} \text{ Hz}$$

問題 4·4 白の光（太陽光）はいろいろな波長の光を含んでいます．そのうちの赤の光を強く反射するから，バラは赤く見えますが，他の波長の光も弱いけれど反射しています．青い光だけをバラに当てると，バラは青色の一部は吸収し，弱いけれど一部は反射するので，少し暗くなりますが青く見えます．

問題 4·5 式(4·13)に $f = 10$ cm, $a = 20$ cm を代入して,

$$\frac{1}{10} = \frac{1}{20} + \frac{1}{b} \qquad \therefore \quad \frac{1}{b} = \frac{1}{10} - \frac{1}{20} = \frac{1}{20}$$

よって, $b = 20$ cm になります．

問題 4·6 式(4·13)を用います．単位を cm にすることにして,

$a = \infty$ の時, $\dfrac{1}{3} = \dfrac{1}{\infty} + \dfrac{1}{b} = \dfrac{1}{b}$ より $b = 3.0$ cm （$\dfrac{1}{\infty}$ は 0 です）

$a = 10$ m の時, $\dfrac{1}{3} = \dfrac{1}{1000} + \dfrac{1}{b}$ より $\dfrac{1}{b} = \dfrac{1}{3} - \dfrac{1}{1000} = \dfrac{997}{3000}$, $b \fallingdotseq 3.0$ cm

$a = 1$ m の時, $\dfrac{1}{3} = \dfrac{1}{100} + \dfrac{1}{b}$ より $\dfrac{1}{b} = \dfrac{1}{3} - \dfrac{1}{100} = \dfrac{97}{300}$, $b \fallingdotseq 3.1$ cm

$a = 30$ cm の時, $\dfrac{1}{3} = \dfrac{1}{30} + \dfrac{1}{b}$ より $\dfrac{1}{b} = \dfrac{1}{3} - \dfrac{1}{30} = \dfrac{9}{30}$, $b \fallingdotseq 3.3$ cm

問題 4·7 やはり式(4·13)を用いて,

$a = \infty$ の時, $\dfrac{1}{f} = \dfrac{1}{\infty} + \dfrac{1}{2.5} = \dfrac{1}{2.5}$ より $f = 2.5$ cm

$a = 10$ m の時, $\dfrac{1}{f} = \dfrac{1}{1000} + \dfrac{1}{2.5} = \dfrac{401}{1000}$ より $f \fallingdotseq 2.5$ cm

$a = 1$ m の時, $\dfrac{1}{f} = \dfrac{1}{100} + \dfrac{1}{2.5} = \dfrac{41}{100}$ より $f \fallingdotseq 2.4$ cm

$a = 30$ cm の時, $\dfrac{1}{f} = \dfrac{1}{30} + \dfrac{1}{2.5} = \dfrac{32.5}{75}$ より $f \fallingdotseq 2.3$ cm

第 5 章　電気と磁気の世界

問題 5·1 式(5·1)を用います．$k = 9 \times 10^9$ Nm²/C² だから, 10 cm $= 0.1$ m として

$$F = 9 \times 10^9 \frac{1 \times (-2)}{(0.1)^2} = -1.8 \times 10^{12} \text{ N} \quad （-は引力の意味）$$

これはたいへん大きな力で，1800 t の電車を $a \fallingdotseq 10^6$ m/s² で動かすことができ，もし，そのままの加速度が働き続けると 1 秒後には，500 km のかなたまで飛ばせる力です．1 C という電荷の大きさがわかりますか．

問題 5·2 3 g の金属球の重さは, 0.003 kg $\times 9.8$ m/s² $= 0.03$ N だから

$$0.03 = 9 \times 10^9 \frac{4q}{(0.02)^2} = 9 \times 10^{13} \times q$$

$$\therefore \quad q = \frac{0.03}{9 \times 10^{13}} = 3.3 \times 10^{-16} \,\text{C}$$

問題 5・3 式(5・3)より，$F = q \cdot E$ より

$$E = \frac{F}{q} = [\text{N/C}]$$

または $V = E \cdot S$ より

$$E = \frac{V}{S} = [\text{V/m}]$$

どちらも全く同じで $1[\text{N/C}] = 1[\text{V/m}]$ となります．

問題 5・4 式(5・5)より

$$100 \,\text{V} = 500 \,\Omega \cdot I$$

$$\therefore \quad I = 0.2 \, A$$

問題 5・5 $1 \,\text{cm}^2$ 当たりの膜の電気容量 $C = 1 \,\mu\text{F} = 1 \times 10^{-6} \,\text{F}$ であり，$0.1 \,\text{V}$ をかけるから $Q = CV$ より

$$Q = 1 \times 10^{-6} \times 0.1 = 1 \times 10^{-7} \,\text{C}$$

の電荷がたまります．

問題 5・6

① $I = \dfrac{W}{V}$ より

$$I = \frac{1000}{100} = 10 \,\text{A}$$

$10 \,\text{A}$ が流れます．

② $1 \,\text{kWh} = 1 \times 10^3 \,\text{W} \times 3600 \,\text{s} = 3.6 \times 10^6 \,\text{W·s}$ となります．これは $3.6 \times 10^6 \,\text{J}$ です．このように使用電力量は数字の桁が大きくなるので，kW と時間［h］の積の kWh を用いる方が便利です．このように分野ごとに使われる単位が異なることもよくあります．

③ このエアコンは $1 \,\text{kW}$ ですから，1 時間に $1 \,\text{kWh}$ の電気エネルギーを消費します．よって，1 ケ月を 30 日として，

$$1 \,\text{kWh} \times 10 \times 30 = 300 \,\text{kWh}$$

を消費します．

④ この時の電気料金は 25 円/1 kWh だから

$$300 \,\text{kWh} \times 25 \,\text{円/kWh} = 7500 \,\text{円}$$

となり，1000 W のエアコンだけで月に 7500 円かかる事になります．

付録

付録1　基本的な定数

真空中の光速	c	$= 2.9979 \times 10^8$	m/s
電気素量	e	$= 1.6021 \times 10^{-19}$	C

（電子の電荷 $= -e$，陽子の電荷 $= +e$）

電子の質量	m_e	$= 0.9109 \times 10^{-30}$	kg
陽子の質量	m_p	$= 1.6726 \times 10^{-27}$	kg
中性子の質量	m_n	$= 1.6748 \times 10^{-27}$	kg
アボガドロ数	N	$= 6.0221 \times 10^{23}$	（1 mol 中の粒子の個数）
ボルツマン定数	k	$= 1.3807 \times 10^{-23}$	J/K
気体定数	R	$= 8.3145$	J/mol·K
プランク定数	h	$= 6.6261 \times 10^{-34}$	J·s
	$\hbar$	$= h/(2\pi) = 1.0546 \times 10^{-34}$	J·s
万有引力定数	G	$= 6.6726 \times 10^{-11}$	N·m^2/ kg^2

付録2　三角関数

1.　定義

$$
\begin{cases}
\sin \theta = \dfrac{A}{C} \\[1mm]
\cos \theta = \dfrac{B}{C} \\[1mm]
\tan \theta = \dfrac{A}{B}
\end{cases}
$$

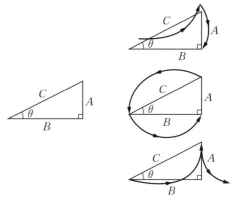

2.　基本公式

①　$\sin^2 \theta + \cos^2 \theta = 1$

$\tan \theta = \dfrac{\sin \theta}{\cos \theta}$

筆順で覚える（先に書く方が分母）

② $\sin(\alpha \pm \beta) = \sin\alpha\cos\beta \pm \cos\alpha\sin\beta$

$\cos(\alpha \pm \beta) = \cos\alpha\cos\beta \mp \sin\alpha\sin\beta$

$\tan(\alpha \pm \beta) = \dfrac{\tan\alpha \pm \tan\beta}{1 \mp \tan\alpha\tan\beta}$

③ $\sin\alpha\cos\beta = \dfrac{1}{2}\{\sin(\alpha+\beta) + \sin(\alpha-\beta)\}$

$\cos\alpha\sin\beta = \dfrac{1}{2}\{\sin(\alpha+\beta) - \sin(\alpha-\beta)\}$

$\cos\alpha\cos\beta = \dfrac{1}{2}\{\cos(\alpha+\beta) + \cos(\alpha-\beta)\}$

$\sin\alpha\sin\beta = \dfrac{1}{2}\{-\cos(\alpha+\beta) + \cos(\alpha-\beta)\}$

④ $\sin\alpha + \sin\beta = 2\sin\dfrac{\alpha+\beta}{2}\cos\dfrac{\alpha-\beta}{2}$

$\sin\alpha - \sin\beta = 2\cos\dfrac{\alpha+\beta}{2}\sin\dfrac{\alpha-\beta}{2}$

$\cos\alpha + \cos\beta = 2\cos\dfrac{\alpha+\beta}{2}\cos\dfrac{\alpha-\beta}{2}$

$\cos\alpha - \cos\beta = -2\sin\dfrac{\alpha+\beta}{2}\sin\dfrac{\alpha-\beta}{2}$

⑤ $a\sin\theta + b\cos\theta = \sqrt{a^2+b^2}\sin(\theta+\alpha)$ で

α は $\tan\alpha = \dfrac{b}{a}$ または $\cos\alpha = \dfrac{a}{\sqrt{a^2+b^2}}$, $\sin\alpha = \dfrac{b}{\sqrt{a^2+b^2}}$ を満たします.

3. sin θ と cos θ のグラフ

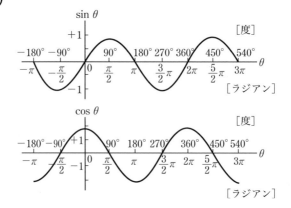

付録3 微分

1. 定義

$$\dfrac{dy}{dx} = \lim_{\Delta x \to 0}\dfrac{\Delta y}{\Delta x} = \lim_{\Delta x \to 0}\dfrac{y(x+\Delta x) - y(x)}{\Delta x} \equiv y' \quad \text{と書きます.}$$

2. 公式

① $(x^n)' = \dfrac{dx^n}{dx} = nx^{n-1}$

② $(\sin x)' = \cos x$

③ $(\cos x)' = -\sin x$

④ $(e^{ax})' = ae^{ax}$　　（無理数 $e = 2.71828\cdots$）

⑤ $(\log x)' = \dfrac{1}{x}$　　（ただし $x > 0$）

3.　和・差・積・商の微分

① $(y_1 \pm y_2)' = y_1' \pm y_2'$

② $(y_1 \cdot y_2)' = y_1' \cdot y_2 + y_1 \cdot y_2'$　　（・はかけ算の意味です）

③ $\left(\dfrac{y_1}{y_2}\right)' = \dfrac{y_1' \cdot y_2 - y_1 \cdot y_2'}{y_2{}^2}$

4.　合成関数の微分

$y = y(z(x))$ となっている時，$z = z(x)$ とおいて $y = y(z)$ とし

$$\frac{dy}{dx} = \frac{dy}{dz} \cdot \frac{dz}{dx}$$

を用います．$\dfrac{dy}{dz}$ は $y = y(z)$ より計算でき，$\dfrac{dz}{dx}$ は $z = z(x)$ より計算できます．

▌付録 4　　積分

1.　定義

$F(x)$ の微分が $f(x)$ になる時（つまり $F'(x) = f(x)$ の時），逆に $f(x)$ からもとの関数 $F(x)$ を求めることができ，$F(x) = \displaystyle\int f(x)dx$ と書きます．これを不定積分と言います．$C = $ 定数とすると，$F(x) + C$ の微分もやはり同じく $f(x)$ になるので，一般的な解には積分定数 C をたしておかねばなりません．

2.　公式（微分と逆の関係になっている）

① $\displaystyle\int x^n dx = \frac{x^{n+1}}{n+1} + C$　　　$(n \neq -1)$

② $\displaystyle\int \sin(ax)dx = -\frac{1}{a}\cos(ax) + C$

③ $\displaystyle\int \cos(ax)dx = \frac{1}{a}\sin(ax) + C$

④ $\displaystyle\int e^{ax}dx = \frac{1}{a}e^{ax} + C$

⑤ $\displaystyle\int \frac{1}{x}dx = \log|x| + C$

⑥ $\displaystyle\int \log x\,dx = x(\log x - 1) + C$

初版のあとがきと謝辞

　この本は，私の十年間の悪戦苦闘の経験から生れたものです．

　私が看護学校で物理を教えるようになった時，若かった私は大いにはりきって，物理らしい物理を教えようと試みました．ところが，学生さんは眠たそうにしているではありませんか．色々と教科書を変えてやってみましたが，どうもうまくゆきません．幾つかの試行錯誤の後，おもしろいことに気がつきました．医療に関係した物理を話し出すと学生さんの目が輝き始めるのです．例えば，点滴の仕方を物理的に考えるとどうなるかとか，コレステロールが血管内に付着して半径が9割になったら，血流量は6割に減ることが物理の法則でわかるとか，です．実際，医学における物理は大変におもしろい．もちろんそのおもしろさを本当に理解するには巾広い物理の基礎が要る．そこで，必要最小限の基礎を体系的にやさしく述べながら，その応用例として身体の物理や医療機器の物理を豊富に取り入れた講義ができたら，きっと学生さんも楽しく，そして将来役に立つだろうと思い，そのための教科書として，小冊子を作ってみました．幸い，この出版を九州大学の桑折範彦先生がすすめて下さいました．昨年，この冊子を教科書として用いた講義が好評でしたので，おすすめをお受けすることにしたわけです．

　ここで，この本を作る際に御協力下さった方々に謝辞を述べたいと思います．小冊子を読んで貴重な御意見をいただいた産業医科大学・医療技術短期大学の皆さん，特に小冊子のかわいい挿絵を書いて下さった広石和代さん，野口秀子さん，辛抱強く私の原稿をタイプして下さった杉田真実さん，面倒な編集作業をやり通して下さった中村華子さんに深く感謝いたします．

　また，この本の出版に際し，日本理工出版会編集部の伏見博之氏には大変お世話になりました．氏はこの本をやさしく，明るく楽しいものにするために，楽しいイラストを増やして下さいました．

　最後に，この本を作るにあたって御協力いただいたイラストレーターおよび編集部の方々に厚くお礼申し上げます．

　　1990年2月

　　　　　　　　　　　　　　　　　　　　　　　　　　　　中野正博

索引

■ 著者紹介

中野　正博（なかの　まさひろ）
理学博士，医学博士，工学博士

1971 年　九州大学理学部物理学科 卒業
1979 年　九州大学大学院理学研究科博士課程 修了，理学博士号 取得
1980 年　産業医科大学　物理学教室 助手，同大学 講師
1992 年　産業医科大学　産業保健学部 准教授
2009 年　産業医科大学　博士号（医学）取得
2011 年　純真学園大学（物理学・統計学・看護学）教授
2020 年　博士号（工学）取得（九州大学）
2020 年〜現在　新医療統計研究所 所長，純真学園大学（統計学）非常勤講師
物理学（原子核反応論）を研究，同時に医療分野（大学看護学科・専門学校・看護協会・病院）
関係者の研究支援，後継者育成に尽力

アメリカ物理学会 会員，BMFSA 学会 会員，
2004 年〜 2014 年　バイオメディカル・ファジィ・システム学会誌 編集委員長
2005 年〜 2015 年　国立長寿医療センター 客員研究員
2007 年〜 2011 年　第 10 期・第 11 期 BMFSA 学会 会長
2015 年〜 2018 年　Journal of BioMedical Fuzzy System Association 英文／和文誌 顧問相談役

**看護・医療技術者のための
たのしい物理（第 2 版）**

2022 年 9 月 10 日　　第 1 版第 1 刷発行
2024 年 4 月 1 日　　第 2 版第 1 刷発行

著　　者　中野正博
発 行 者　村上和夫
発 行 所　株式会社 オーム社
　　　　　郵便番号　101-8460
　　　　　東京都千代田区神田錦町 3-1
　　　　　電話　03(3233)0641(代表)
　　　　　URL　https://www.ohmsha.co.jp/

© 中野正博 2024

印刷・製本　精文堂印刷
ISBN978-4-274-23027-1　Printed in Japan

本書の感想募集 https://www.ohmsha.co.jp/kansou/
本書をお読みになった感想を上記サイトまでお寄せください．
お寄せいただいた方には，抽選でプレゼントを差し上げます．